HISTOIRE DES PLANTES

MONOGRAPHIE

DES

BIXACÉES

CISTACÉES ET VIOLACÉES

PARIS. — IMPRIMERIE DE E. MARTINET, RUE MIGNON, 2

HISTOIRE DES PLANTES

MONOGRAPHIE

DES

BIXACÉES

CISTACÉES ET VIOLACÉES

PAR

H. BAILLON

PROFESSEUR D'HISTOIRE NATURELLE MÉDICALE A LA FACULTÉ DE MÉDECINE DE PARIS

DIRECTEUR DU JARDIN BOTANIQUE DE LA FACULTÉ, PRÉSIDENT DE LA SOCIÉTÉ LINNÉENNE DE PARIS

ILLUSTRÉE DE 90 FIGURES DANS LES TEXTES

DESSINS DE FAGUET

PARIS

LIBRAIRIE HACHETTE & CIE

BOULEVARD SAINT-GERMAIN, 79

LONDRES, 18, KING WILLIAM STREET, STRAND

1872

XXXI

BIXACÉES

I. SÉRIE DES ROCOUYERS.

Les Rocouyers [1] (fig. 288-296) ont les fleurs régulières et hermaphrodites, avec un réceptacle convexe qui porte un calice de cinq sépales,

Bixa Orellana.

Fig. 288. Rameau florifère et fructifère ($\frac{1}{3}$).

imbriqués, caducs, et cinq pétales alternes, plus grands et fortement
tordus dans la préfloraison. Immédiatement au-dessus s'insère un

1. *Bixa* L., *Gen.*, n. 654. — J., *Gen.*, 293.
— Gærtn., *Fruct.*, I, 202, t. 61. — Poir.,
Dict., VI, 229 ; Suppl., IV, 691 ; *Ill.*, t. 469.
— DC., *Prodr.*, I, 259. — Turp., in *Dict. sc.
nat.*, Atl., t. 149. — Spach, *Suit. à Buffon*,
VI, 116. — Endl., *Gen.*, n. 5061. — Clos, in

androcée formé d'un nombre indéfini d'étamines hypogynes, dont les filets sont libres ou très-légèrement polyadelphes, et réfléchis dans le bouton vers leur sommet. Celui-ci porte une anthère biloculaire, ex-

Bixa Orellana.

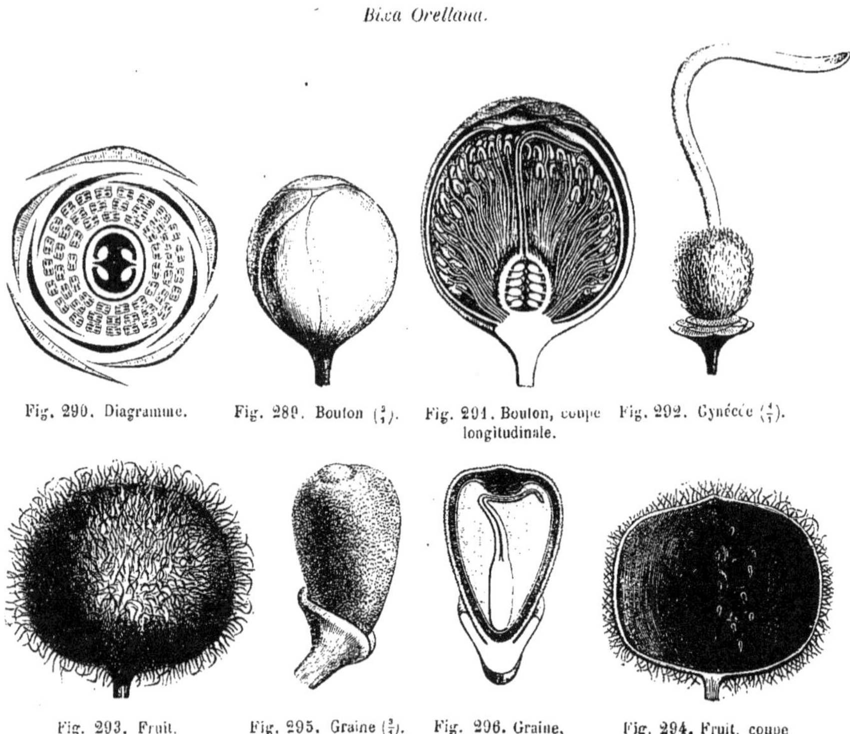

Fig. 290. Diagramme.   Fig. 289. Bouton (⅔).   Fig. 291. Bouton, coupe   Fig. 292. Gynécée (⁴⁄₁).
                                               longitudinale.

Fig. 293. Fruit.   Fig. 295. Graine (⅔).   Fig. 296. Graine,   Fig. 294. Fruit, coupe
                                  coupe longitudinale.   longitudinale (antéro-postérieure).

trorse et qui se comporte d'une façon toute particulière. Elle se replie en effet sur elle-même, vers le milieu de sa hauteur, représentant ainsi une sorte de fer à cheval. C'est au niveau du sommet de la convexité de cette courbure, c'est-à-dire vers le milieu de sa hauteur, que chaque loge commence à s'ouvrir par une fente longitudinale, ultérieurement plus ou moins prolongée vers ses deux branches. Le gynécée est supère; il se compose d'un ovaire uniloculaire, surmonté d'un style creux, à sommet stigmatifère non renflé, terminé par deux très-petites crénelures stigmatifères. Dans la loge ovarienne se trouvent deux placentas, pariétaux et laté-

Ann. sc. nat., sér. 4, VIII, 260. — PAYER, *Fam. nat.*, 110. — BENTH., in *Journ. Linn. Soc.*, V, Suppl., 79. — B. H., *Gen.*, 125, 971, n. 3. — *Urucu* MARCGR. (ex ADANS., *Fam. des pl.*, II, 381). — *Achioti* HERN., *Thes.*, 74. — *Mitella* T., *Inst.*, 242 (part.).

raux, peu proéminents, donnant chacun insertion à deux séries latérales
d'ovules anatropes, ascendants, à micropyle tourné en bas et en dehors [1].
Le fruit devient une capsule, comprimée d'un côté à l'autre et ordinairement recouverte d'aiguillons plus ou moins rigides ; elle s'ouvre en deux
panneaux latéraux, dont la face interne supporte un placenta vertical
médian, peu saillant. A la maturité, l'endocarpe membraneux se sépare
ordinairement de l'exocarpe. Les graines, en nombre indéfini, sont sup-
portées par un funicule qui se dilate autour du hile en un court arille,
en forme de manchette (fig. 295, 296). L'autre extrémité de la graine,
plus grosse, présente une chalaze circulaire épaisse [2]. Les téguments sont
triples. L'extérieur, membraneux et celluleux, est gorgé de granulations
jaunes ou rougeâtres, constituant la substance tinctoriale des Rocouyers.
L'albumen charnu enveloppe un embryon axile, coloré en vert, à radicule cylindro-conique, et à cotylédons foliacés, digitinerves à la base.
Ce genre renferme une ou deux espèces [3] arborescentes, à suc coloré en
jaune ou en rouge, à feuilles alternes, simples, palminerves à la base,
pétiolées, accompagnées de deux stipules latérales caduques. Leurs
fleurs [4] sont réunies au sommet des rameaux, en grappes ramifiées de
cymes, dont souvent les pédicelles portent supérieurement cinq glandes
sous la fleur. Originaires de l'Amérique tropicale, les Rocouyers ont été
introduits dans tous les pays chauds du monde.

Les Rocouyers constituant à eux seuls une petite sous-série (des
Bixées), les *Oncoba* forment une sous-série voisine, dans laquelle se
trouvent réunis, ne représentant pour nous que les diverses sections d'un
même genre, les *Carpotroche*, *Mayna*, *Dendrostylis*. Dans toutes ces
plantes, les fleurs, dioïques ou polygames, ont des sépales et des pétales
imbriqués, en nombre variable, des étamines nombreuses, dont les anthères, souvent allongées, rectilignes, s'ouvrent par deux fentes suivant
leur longueur. Le fruit est extrêmement variable quant à la consistance
du péricarpe et à l'état de sa surface extérieure.

---

1. Ils ont deux enveloppes.

2. Quand les graines commencent à se dessé-
cher, cette région chalazique, entraînant avec
elle les téguments séminaux, se contracte et devient plus ou moins concave, de façon à simuler
jusqu'à un certain point le micropyle d'une
graine orthotrope (fig. 294, 295).

3. H. B. K., *Nov. gen. et spec.*, V, 353. —

WIGHT, *Ill.*, t. 17. — MIQ., *Fl. ind.-bat.*, I,
107 ; *Fl. sum.*, 159. — OLIV., *Fl. trop. Afr.*,
I, 113. — A. GRAY, *Amer. expl. Exp.*, *Bot.*, I,
72. — TUL., in *Ann. sc. nat.*, sér. 3, VII, 296.
— TR. et PL., in *Ann. sc. nat.*, sér. 4, XVII,
93. — *Bot. Mag.*, t. 1456. — WALP., *Ann.*,
VII, 222.

4. Assez grandes, belles, roses.

II. SÉRIE DES FLACOURTIA.

Les *Flacourtia* [1] (fig. 297-300) ont des fleurs unisexuées, dioïques ou, plus rarement, polygames. Leur calice est formé de trois à cinq sépales [2], imbriqués ou se touchant à peine par leurs bords, quelquefois très-petits dans les fleurs femelles. En dedans de lui, le bord du réceptacle

Flacourtia Cataphracta.

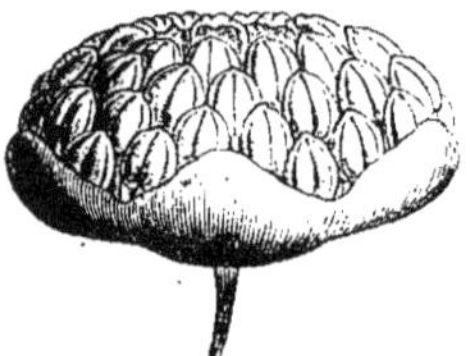

Fig. 297. Fleur ($\frac{4}{1}$).

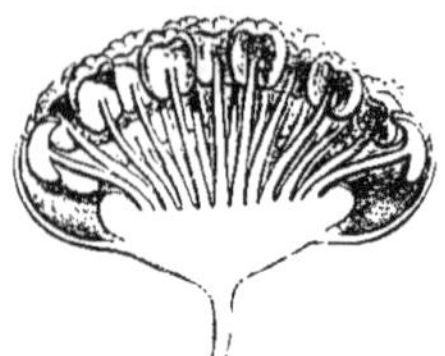

Fig. 298. Fleur, coupe longitudinale.

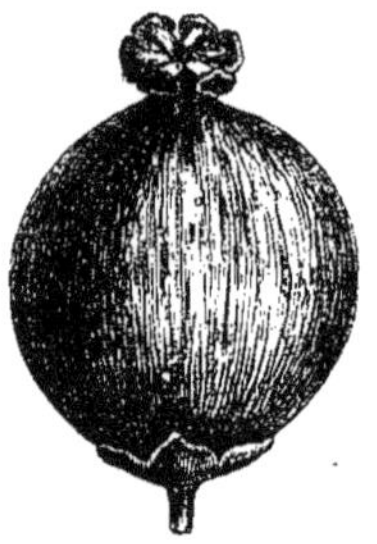

Fig. 299. Fruit ($\frac{2}{3}$).

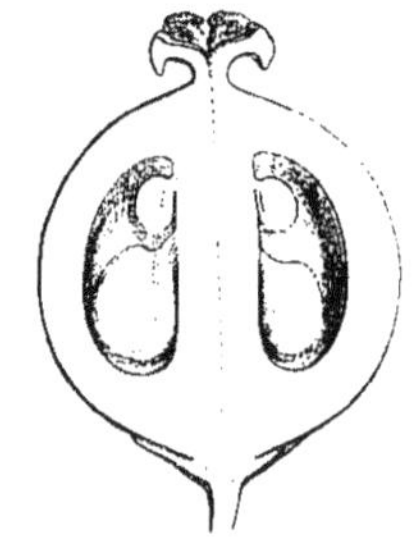

Fig. 300. Fruit, coupe longitudinale.

se renfle en un disque circulaire, continu ou lobé, ou formé de glandes indépendantes, parfois cilié, ordinairement plus développé dans les fleurs femelles, où il peut être entouré de petites étamines, souvent stériles. Dans les fleurs mâles, celles-ci sont en grand nombre, couvrant toute la portion du réceptacle qu'entoure le bourrelet du disque, formées chacune d'un filet libre et d'une anthère courte, extrorse, biloculaire, versatile, déhiscente par deux fentes longitudinales [3]. Le gynécée,

1. COMMERS., ex L'HÉR., *Stirp.*, 95, t. 30, 30 b (1784). — J., *Gen.*, 291 (*Flacurtia*). — POIR., *Dict.*, VI, 65; Suppl., IV, 653; *Ill.*, t. 826. — DC., *Prodr.*, I, 256. — SPACH, *Suit. à Buffon*, VI, 133. — TURP., in *Dict. sc. nat.*, Atl., t. 150. — ENDL., *Gen.*, n. 5079. — CLOS, in *Ann. sc. nat.*, sér. 4, VIII, 212. — PAYER, *Fam. nat.*, 112. — BENTH., in *Journ. Linn.* *Soc.*, V, Suppl., 86. — B. H., *Gen.*, 128, n. 17. — *Stigmarota* LOUR., *Fl. cochinch.*, 633.

2. Souvent squamiformes, ciliés.

3. Le connectif est souvent bifide à son extrémité inférieure (qui devient supérieure après le mouvement de bascule de l'anthère) ; et chacune de ses branches, parfois colorée, va s'appliquer contre le dos d'une des loges.

dont il n'y a généralement aucune trace dans les fleurs mâles, est composé d'un ovaire libre, surmonté d'un nombre variable (de deux à dix
ou douze) de branches stylaires, à sommets stigmatifères dilatés, souvent
bilobés, réfléchis ou révolutés. Dans l'intérieur de l'ovaire, on observe
un nombre égal de placentas pariétaux qui s'avancent quelquefois jusqu'à l'axe même de la loge, où ils arrivent au contact, et qui supportent
chacun deux ou un plus grand nombre [1] d'ovules, descendants, anatropes, avec le micropyle dirigé en haut et en dehors. Le fruit est une
drupe, le péricarpe finissant par former intérieurement autant de
noyaux qu'il comprenait de loges incomplètes. Dans chacun d'eux se
trouvent une ou plusieurs graines, dont les téguments recouvrent un
albumen charnu et un embryon axile, à cotylédons souvent orbiculaires.
Les *Flacourtia* sont des arbres ou des arbustes, fréquemment épineux,
qui habitent toutes les régions chaudes de l'ancien monde. Leurs feuilles
sont alternes, pétiolées, articulées, accompagnées de stipules, ordinairement très-petites, avec des fleurs de petite taille, disposées en petites
cymes axillaires, ou groupées sur des axes simples ou ramifiés, simu-
lant des épis, des grappes ou des ombelles. On en a décrit un grand
nombre d'espèces [2], aujourd'hui réduites à une douzaine, en y comprenant le *Bennettia Horsfieldii* [3], espèce javanaise, à petites fleurs femelles
ordinairement trimères.

A côté des *Flacourtia* se rangent : les *Xylosma* (fig. 301, 302), qui en
diffèrent à peine, par leurs fleurs à quatre, cinq ou six parties, leurs placentas au nombre de deux à six, leur style entier, ou subnul, ou partagé
supérieurement en lobes dont le nombre répond à celui des placentas ;
les *Dovyalis*, dont les sépales sont à peine imbriqués, les placentas supportant un nombre très-réduit d'ovules ; les *Trimeria*, qui ont autant de
pétales que de sépales, c'est-à-dire de trois à cinq, et les fleurs des
Dovyalis, avec un fruit qui s'ouvre au sommet ; les *Peridiscus*, dont
l'ovaire, surmonté d'un assez grand nombre de styles rayonnants, est
épaissi en disque jusque vers le milieu de sa hauteur et est entouré de
quatre ou cinq sépales à peu près valvaires, et d'un verticille d'étamines

---

1. Il y en a souvent deux, superposés l'un à l'autre, ou à peu près, le supérieur étant de bonne heure moins développé que l'inférieur. Ils ont deux enveloppes.

2. H. B. K., *Nov. gen. et spec.*, VII, 238. — Roxb., *Pl. corom.*, t. 68, 69, 222. — Wight et Arn., *Prodr.*, I, 29. — Reichb., *Consp.*, 188 (*Rhamnopsis*). — Wight, *Icon.*, t. 85. — A. Gray, *Amer. explor. Exp.*, *Bot.*, 75. — Miq., *Fl. ind.-bat.*, 1, p. II, 102; *Fl. sum.*, 158. — Turcz., in *Bull. Mosc.* (1863), I, 553. — H. Bn, in *Adansonia*, X, 250. — Tul., in *Ann. sc. nat.*, sér. 5, IX, 340. — Oliv., *Fl. trop. Afr.*, I, 120. — Walp., *Ann.*, VII, 228.

3. Miq., *Fl. ind.-bat.*, 1, p. II, 105. — Benth., in *Journ. Linn. Soc.*, V, Suppl., 87. — B. H., *Gen.*, 128, n. 18. — H. Bn, in *Adansonia*, X, 251. — Walp., *Ann.*, VII, 228.

assez nombreuses, dont les filets se logent dans des sillons verticaux du disque. La loge unique de l'ovaire renferme de six à huit ovules, insérés tout près de son sommet. Dans les *Lœtia*, les sépales pétaloïdes sont au contraire fortement imbriqués ; l'ovaire est à trois placentas pariétaux pluriovulés, et le style unique a une extrémité stigmatifère renflée, entière ou légèrement trilobée. Hermaphrodites dans ces deux derniers genres, les fleurs sont dioïques dans les *Idesia*, comme dans les *Dovyalis* et *Trimeria* ; leur réceptacle s'élargit en une sorte de plateau qui rappelle déjà la forme de coupe qu'il prendra dans les Samydées. Sur ses bords il porte un calice imbriqué, et, plus intérieurement, des étamines en grand nombre, avec un petit gynécée rudimentaire au centre. Dans les fleurs femelles, celui-ci devient fertile, avec de trois à six placentas pluriovulés, un même nombre de styles divergents dès la base, et un fruit charnu, indéhiscent, dont les graines, nombreuses, sont nichées dans une pulpe molle [1].

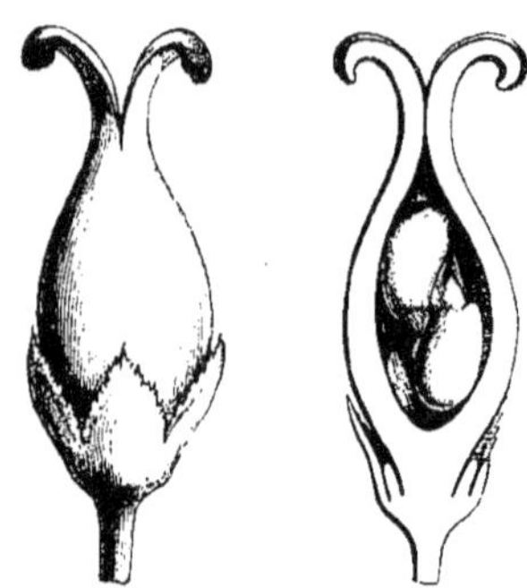

Xylosma Paliurus.

Fig. 301. Fleur femelle ($\frac{4}{1}$). Fig. 302. Fleur femelle, coupe longitudinale.

III. SÉRIE DES SAMYDA.

Les *Samyda* [2] (fig. 303-306), qui ont donné leur nom à ce groupe, n'en représentent pas, comme nous le verrons prochainement, le type le plus complet. Ce sont, on peut le dire, des Flacourtiées périgynes, dont les fleurs sont régulières, hermaphrodites et apétales. Leur réceptacle a la forme d'une coupe plus ou moins allongée en tube, qui porte sur ses bords un périanthe pétaloïde [3], avec lequel il se continue, et dont les

---

1. On rapporte avec doute à ce groupe le genre *Streptothamnus* (F. MUELL., *Fragm. Phyt. Austral.*, III, 27 ; — BENTH., *Fl. austral.*, I, 108 ; — B. H., *Gen.*, 972, n. 7 *a*), incomplétement connu, et dont les fleurs ont cinq sépales et cinq pétales imbriqués, de nombreuses étamines à anthères apiculées, et un ovaire à placentas pariétaux, multiovulés, surmonté d'un style à extrémité stigmatique peltée. Le fruit est une baie polysperme, à graines albuminées. Les deux espèces connues sont volubiles, avec des

feuilles alternes, entières, trinerves, et des fleurs axillaires, solitaires.

2. L., *Gen.*, n. 543. — J., *Gen.*, 439. — GÆRTN. F., *Fruct.*, III, 239, t. 224. — POIR., *Dict.*, VI, 487 ; Suppl., V, 31. — LAMK, *Ill.*, t. 355. — DC., *Prodr.*, II, 47. — TURP. in *Dict. sc. nat.*, Atl., t. 245, 246. — ENDL., *Gen.*, n. 5059. — PAYER, *Fam. nat.*, 93. — B. H., *Gen.*, 791, n. 5. — *Sadymia* GRISEB., *Fl. brit. W.-Ind.*, 25.

3. Blanc, rosé ou verdâtre.

cinq divisions sont disposées dans le bouton en préfloraison quinconciale ;
il y a plus rarement quatre ou six divisions imbriquées. L'androcée est
formé de huit à quinze étamines, dont les filets monadelphes s'insèrent
à la gorge du réceptacle et forment un tube uni plus ou moins haut avec
le périanthe. Leurs sommets sont libres dans une étendue variable, sou-

Samyda serrulata.

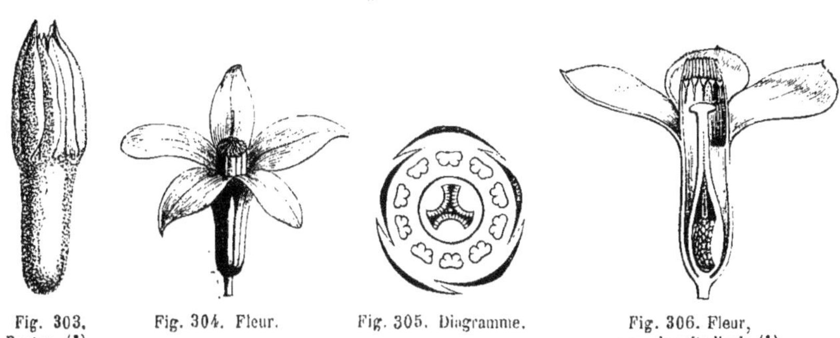

Fig. 303.
Bouton ($\frac{1}{2}$).

Fig. 304. Fleur.

Fig. 305. Diagramme.

Fig. 306. Fleur,
coupe longitudinale ($\frac{2}{7}$).

vent très-peu considérable, et portent chacun une anthère biloculaire,
introrse, déhiscente par deux fentes longitudinales [1]. Le gynécée est
libre et occupe le fond de la coupe réceptaculaire ; il est formé d'un
ovaire uniloculaire, surmonté d'un style dont l'extrémité stigmatifère
se dilate en tête. Sur les parois de l'ovaire se voient de trois [2] à cinq
placentas, chargés d'ovules anatropes [3]. Le fruit est plus ou moins charnu
ou coriace ; il finit par s'ouvrir de haut en bas, en trois, quatre ou cinq
valves. Il renferme des graines nombreuses, entourées chacune d'un arille
charnu, souvent lacinié, et dont les téguments crustacés recouvrent un
albumen charnu et un embryon axile, à radicule conique et à cotylédons
foliacés. Les *Samyda* sont des arbustes des Antilles et des régions voisines de la terre ferme. Leurs feuilles sont alternes-distiques, tachetées
de points glanduleux pellucides. Leur pétiole, court, est accompagné de
deux petites stipules latérales. Leurs fleurs sont solitaires ou disposées
en petites cymes dans l'aisselle des feuilles. On n'en connaît que trois
ou quatre espèces [4].

---

1. Pollen « ovoïde -arrondi, quatre plis courts ;
dans l'eau, sphérique avec quatre courtes bandes ;
sur ces bandes des papilles ». (H. MOHL, in *Ann.
sc. nat.*, sér. 2, III, 327.)

2. Dans ce cas, deux des placentas sont
postérieurs (PAYER).

3. Leur hile est souvent concave et entouré
d'un bourrelet circulaire. Tardivement, leur
région micropylaire peut s'incurver, de façon à

leur donner l'apparence d'ovules campylotropes.
Ils ont double tégument. Ordinairement, la portion supérieure et atténuée des placentas ne porte
pas d'ovules ; elle se prolonge dans l'intérieur du
tube stylaire.

4. JACQ., *Collect.*, II, t. 17. — Sw., *Fl. ind.
occ.*, II, 758. — VENT., *Ch. de pl.*, t. 43. —
GRISEB., *Fl. brit. W.-Ind.*, 24. — *Bot. Mag.*,
t. 550.

A côté des *Samyda* se placent les *Guidonia* (fig. 307-309), qui s'en distinguent par une coupe réceptaculaire généralement plus évasée et des étamines périgynes, au nombre de cinq à quinze ou vingt, lesquelles sont unies entre elles et avec un nombre égal de languettes glanduleuses ou pétaloïdes, qui alternent avec elles et sont souvent chargées de poils.

Guidonia ilicifolia.

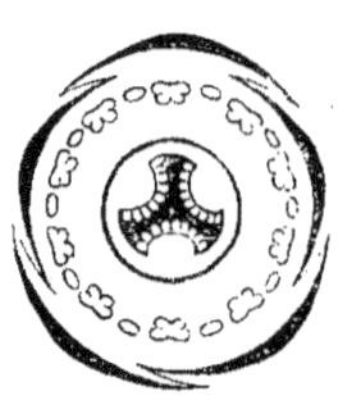

Fig. 307. Fleur (4/7).　　　Fig. 308. Diagramme.　　　Fig. 309. Fleur, coupe longitudinale.

L'ensemble de cet appareil se dégage plus ou moins haut de l'enveloppe unique de la fleur. L'ovaire contient trois ou quatre placentas pariétaux pluriovulés. Les fleurs sont, dans ce genre, solitaires ou, plus ordinairement, réunies en cymes, souvent ombelliformes. Dans les *Osmelia*, plantes asiatiques, les fleurs sont disposées en grappes grêles, et elles ont de huit à dix étamines, unies avec un nombre égal de languettes villeuses.

Dans les *Euceræa*, il y a huit étamines et huit languettes alternes, barbues au sommet; mais le stigmate est représenté au sommet de l'ovaire par quatre à six rayons sessiles, et il n'y a dans l'ovaire qu'un ou deux ovules ascendants. Leurs fleurs sont nombreuses sur des épis axillaires ramifiés. Les *Lunania*, très-voisins des genres précédents, s'en distinguent immédiatement en ce que leurs fleurs, disposées en longs épis, ont un calice membraneux et valvaire, qui se déchire irrégulièrement lors de l'anthèse, des étamines à anthères extrorses, et, dans leurs intervalles, des glandes avec lesquelles elles sont inférieurement unies en une cupule unique, glanduleuses et épaisses, souvent glabres, parfois bifides. Le *Tetrathylacium*, qui paraît voisin des genres précédents, a quatre étamines alternes aux sépales imbriqués, sans languettes interposées, et des fleurs rapprochées en épis ramifiés.

Les *Ryania* (fig. 310-313) ont de grandes affinités avec les genres précédents, quoiqu'on les ait généralement placés dans un groupe tout différent, celui des Passiflorées. Ils ont tout à fait les organes de végétation de certains *Guidonia*, et un réceptacle légèrement concave, sur les bords duquel s'élève, à une hauteur variable, un prolongement, quelquefois très-marqué, du disque. C'est autour de celui-ci que s'insèrent

Ryania speciosa.

Fig. 310. Fleur.   Fig. 312. Fleur, coupe longitudinale.

les étamines en nombre indéfini et, plus extérieurement, cinq sépales fortement imbriqués et dont les trois intérieurs sont même convolutés dans le bouton. L'ovaire uniloculaire est à trois, quatre ou cinq placentas pariétaux pluriovulés; et le style se divise supérieurement, dans une étendue variable, en autant de branches à sommet stigmatifère. Le fruit, ligneux ou subéreux, renferme des graines pourvues d'un arille charnu. C'est par ces caractères que la petite sous-série des Ryaniées, constituée par ce seul genre américain, se distingue de celle des Eusamydées, formée des cinq genres précédents.

Les *Scolopia*, rangés ordinairement parmi les Flacourtiées proprement dites, appartiennent, pour nous, à une troisième sous-série, très-voisine de celle où se trouvent les

Ryania speciosa.

Fig. 311. Diagramme.   Fig. 313. Gynécée (⅔).

Casearia, car ils en ont l'organisation fondamentale. Leur réceptacle a la forme d'une coupe ou patère, dont les bords et la surface supérieure portent le périanthe et l'androcée ; ceux-ci sont donc réellement périgynes. Les sépales, au nombre de trois à six ou sept, ont souvent, dans leurs intervalles, un même nombre de pétales, à peu près de même taille et de même couleur. Leurs anthères sont souvent surmontées d'un prolongement lamineux du connectif. Parmi les Scolopiées se placent encore : les *Ludia*, qui ont même réceptacle en patère, de cinq à huit sépales, très-imbriqués, sans corolle, un gynécée comparable à celui des *Ryania*, des *Casearia* et des *Scolopia*; les *Kuhlia*, plantes américaines, qui ne se distinguent qu'à peine des *Ludia* par un réceptacle un peu plus concave, et dont les sépales colorés, au nombre de trois à cinq, sont imbriqués. Leur fruit est charnu et indéhiscent ; les *Banara*, qui, avec la fleur et le fruit des *Kuhlia*, ont un calice de trois à cinq sépales

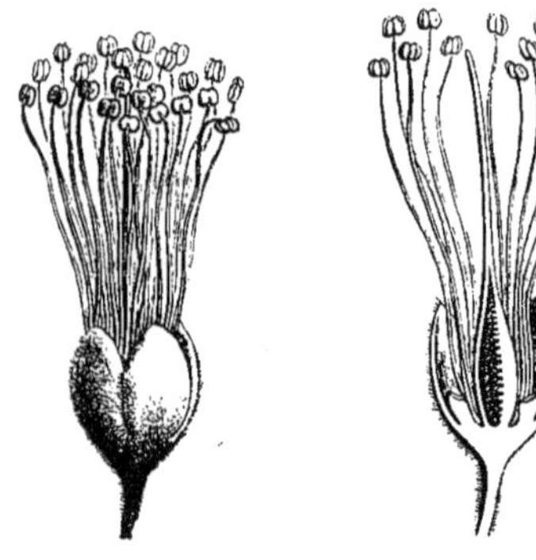

Fig. 314. Fleur ($\frac{4}{1}$).

Fig. 315. Fleur, coupe longitudinale.

valvaires, et un même nombre de pétales, semblables aux sépales, mais imbriqués ; les *Aphloia*, qui, avec la coupe réceptaculaire des *Scolopia* et un calice fortement imbriqué, n'ont plus qu'un carpelle et un placenta pariétal dans l'ovaire ; les *Azara* (fig. 314, 315), qui ont le même réceptacle en coupe, des sépales valvaires, ou à peu près, sans corolle, un ovaire uniloculaire, à plusieurs placentas, mais surmonté d'un style simple, et un fruit charnu, à peine déhiscent au sommet ; le *Pyramidocarpus*, qui a des folioles au périanthe en nombre variable : trois sépales, puis de six à dix pétales sépaloïdes, passant graduellement des pièces du calice à celles de l'androcée.

Une dernière sous-série, celle des Abatiées, est formée du seul genre *Abatia*, qui a le réceptacle concave des *Guidonia*, des fleurs tétramères apétales, des sépales valvaires, des étamines périgynes, au nombre de cinq à dix, ou en nombre plus considérable, accompagnées ou non de filets piliformes stériles, et dont, dans toutes les espèces, les feuilles sont opposées, sans stipules, et les fleurs, petites et nombreuses, disposées en grappes terminales.

IV. SÉRIE DES LACISTEMA.

Les *Lacistema*[1], qui nous semblent avoir été indiqués avec raison comme un type réduit des Bixacées, ont les fleurs (fig. 316-319) réunies en petits épis, polygames, ou plus ordinairement hermaphrodites. Dans ces dernières, le réceptacle a la forme d'un petit cône, qui supporte

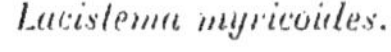

Lacistema myricoides.

Fig. 317. Fleur jeune,
côté antérieur.

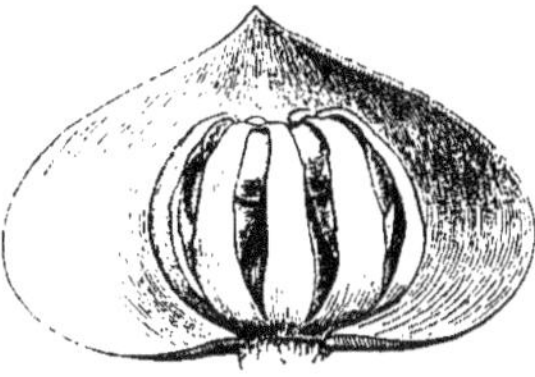

Fig. 316. Bouton, dans l'aisselle
de la bractée (⁴⁄₁).

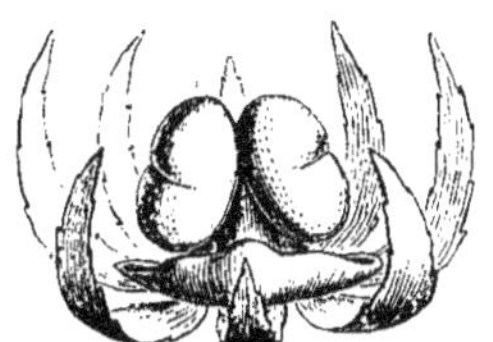

Fig. 318. Fleur jeune, côté
postérieur.

d'abord un calice, formé de quatre à six sépales, étroits, inégaux, incurvés au sommet dans leur jeune âge, persistants, parfois très-petits ou disparaissant même presque complétement. En dedans du calice se trouve un disque glanduleux, ayant la forme d'une cupule circulaire, à peu près régulière et régulièrement lobée sur les bords, ou, plus souvent, fort inégale et développée surtout du côté antérieur de la fleur. Plus intérieurement, l'androcée n'est représenté que par une étamine libre, hypogyne, à filet dilaté supérieurement en un connectif glanduleux qui se bifurque et dont chaque branche courte supporte une loge isolée d'anthère, déhiscente vers

Lacistema myricoides.

Fig. 319. Fleur jeune, coupe
longitudinale (antéro-postérieure).

les bords ou un peu en dedans, par une fente longitudinale[2]. Le gynécée, libre et supère, est uniloculaire et s'atténue supérieurement en un style dont le sommet se partage en trois branches stigmatifères,

1. Sw., *Prodr.* (1788), 12; *Fl. ind. occ.*, II, 1091, t. 21. — Poir., *Dict.*, Suppl., III, 232. — Mart., *Nov. gen. et spec.*, I, 56, t. 94, 95. — Lindl., *Veg. Kingd.*, 329, fig. 225. — Endl., *Gen.*, n. 1907. — Payer, *Fam. nat.*, 156. — Schnizl., in *Mart. Fl. bras.*, fasc. 38, 279. — A. DC., *Prodr.*, XVI, 591. — H. Bn, in *Adansonia*, X, 256. — *Synzyganthera* Ruiz et Pav., *Prodr.* (1794), 137, t. 30. — *Nematospermum* L. C. Rich., in *Act. Soc. Hist. nat. par.* (1792), 105. — Guillem., in *Dict. class. Hist. nat.*, XI, 499.—*Lozania* Mut., in *Sem. Nov. gran.* (1810), 20. — DC., *Prodr.*, III, 30. — Endl., *Gen.*, n. 6074. — Pl., in *Ann. sc. nat.*, sér. 4, II, 255. — *Didymandra* W., *Sp. pl.*, IV, 971.

2. D'après M. Schnizlein, les grains de pollen sont ovales, lisses, avec trois plis.

grêles, récurvées, souvent fort inégales [1]. La loge ovarienne contient trois placentas pariétaux, alternes avec les divisions du style. Ils donnent insertion chacun à deux ou à un seul ovule, descendant, incomplétement anatrope, à micropyle supérieur et intérieur [2]. Le fruit, d'abord un peu charnu, finit par devenir une capsule loculicide, dont les trois valves présentent en dedans, sur la ligne médiane, un placenta saillant. L'une d'entre elles porte une graine descendante, dont le tégument superficiel charnu et le testa crustacé recouvrent un épais albumen charnu. Dans l'axe de celui-ci se trouve un embryon rectiligne, à longue radicule supère et à cotylédons foliacés.

Les *Lacistema* sont des arbres peu élevés ou des arbustes de l'Amérique tropicale ; on en distingue une quinzaine d'espèces [3]. Leurs feuilles sont alternes, avec un pétiole dont la base articulée est accompagnée de deux stipules latérales, caduques, et dont le limbe, simple, penninerve, est parfois chargé de ponctuations pellucides. Les fleurs sont réunies en petits épis amentiformes, nombreux dans l'aisselle d'une feuille donnée, où ils paraissent rapprochés eux-mêmes en épis. Ils y sont d'âges très-différents et aussi à des états très-divers de développement. L'axe grêle de chacun d'eux porte des bractées alternes, d'abord imbriquées, uniflores, et accompagnées de deux bractéoles latérales, semblables aux sépales, mais ordinairement plus étroites qu'eux.

V. SÉRIE DES CALANTICA.

Les *Calantica* [4] (fig. 320, 321) ont les fleurs régulières et hermaphrodites. Leur réceptacle a la forme d'une écuelle évasée, sur les bords de laquelle s'insèrent de cinq à huit sépales valvaires, et un même nombre de pétales périgynes, alternes, linéaires. Dans l'intervalle des pétales se trouve une large glande, concave en dedans, qui tapisse dans une assez grande étendue la face interne des sépales. Les étamines sont en même nombre que les pétales, auxquels elles sont superposées; elles sont légèrement périgynes, mais elles s'insèrent plus bas et plus intérieurement que les pétales. Leurs filets sont libres, et leurs anthères

---

1. Deux sont antérieures et souvent beaucoup plus développées que la postérieure.

2. A deux enveloppes.

3. BERG., in *Act. helv.*, VII, t. 10 (*Piper*). — RUDGE, *Guian.*, t. 4 (*Piper*). — MIQ., in *Linnœa*, XVIII, 24. — A. DC., *loc. cit.*, 591-594. — WALP., *Ann.*, IV, 228 (*Lozania*).

4. TUL., in *Ann. sc. nat.*, sér. 4, VIII, 74. — PAYER, *Fam. nat.*, 83. — B. H., *Gen.*, 799, n. 12. — H. BN, in *Adansonia*, X, 256.

biloculaires, extrorses, déhiscentes par deux fentes longitudinales. Le gynécée est libre ; il se compose d'un ovaire uniloculaire, surmonté de trois à six styles, linéaires, stigmatifères vers leur sommet. Il y a un nombre égal de placentas pariétaux, alternes avec les styles, et supportant de nombreux ovules, disposés sur plusieurs rangées. Le fruit, accom-

Calantica cerasifolia.

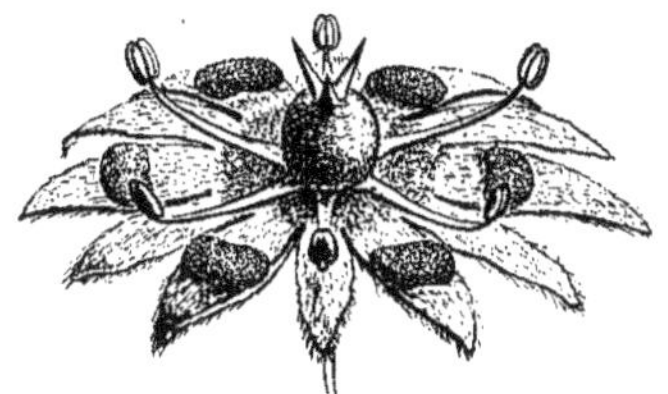

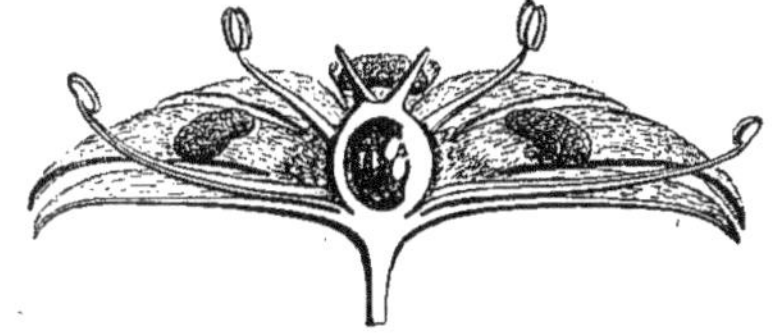

Fig. 320. Fleur ($\frac{1}{1}$).　　　　Fig. 321. Fleur, coupe longitudinale.

pagné à sa base du périanthe persistant, est une capsule plurivalve et polysperme. Les graines, insérées sur le milieu de chaque valve, sont couvertes de filaments cotonneux et contiennent sous leurs téguments un albumen charnu, entourant un embryon à radicule cylindrique supère, et à cotylédons foliacés, à peu près ovales. Les *Calantica* sont des arbres des îles Mascareignes. Dans les deux espèces connues [1], les feuilles sont alternes, simples, pétiolées, accompagnées de deux petites stipules latérales. Les dents du limbe sont glanduleuses. Les fleurs sont disposées en grappes rameuses de cymes, et accompagnées de bractées et de bractéoles sétacées.

On a distingué, sous le nom de *Bivinia Jalberti* [2], un *Calantica* apétale, dont les étamines, au lieu d'être solitaires, sont groupées en faisceaux placés en face de chaque pétale ; de façon que leur nombre total s'élève jusqu'à cinquante ou soixante. C'est un arbuste des îles orientales de l'Afrique tropicale, dont les organes de végétation et les fruits sont à peu près ceux des *Calantica*, et dont les inflorescences sont axillaires.

A côté des *Calantica* se placent les *Dissomeria* et les *Asteropeia*, qui ont à peu près le même réceptacle. Les premiers ont double corolle et des étamines nombreuses ; les derniers ont une seule corolle pentamère, de dix à quinze étamines, unies à leur base en un court anneau, et, dans un

1. DC., *Prodr.*, II, 54 (*Blackwellia*). — VENT., *Choix de pl. Jard. Cels* (1803), t. 56 (*Blackwellia*).

2. TUL., in *Ann. sc. nat.*, sér. 4, VIII, 78. — B. H., *Gen.*, 800, n. 13. — MAST., in *Oliv. Fl. trop. Afr.*, II, 496.

ovaire tout à fait libre, trois placentas pluriovulés, qui s'avancent dans la cavité ovarienne au point de la diviser inférieurement en loges presque complètes.

VI. SÉRIE DES HOMALIUM.

Les Acomas [1] (fig. 322-325) ont les fleurs régulières et hermaphrodites. Leur réceptacle a la forme d'un cornet court ou d'un sac turbiné, dans la concavité duquel est enchâssée la portion inférieure du gynécée; après quoi, ce réceptacle s'évase en une coupe peu profonde, sur les bords de laquelle s'insèrent de dehors en dedans un calice et une corolle.

Homalium racemosum.

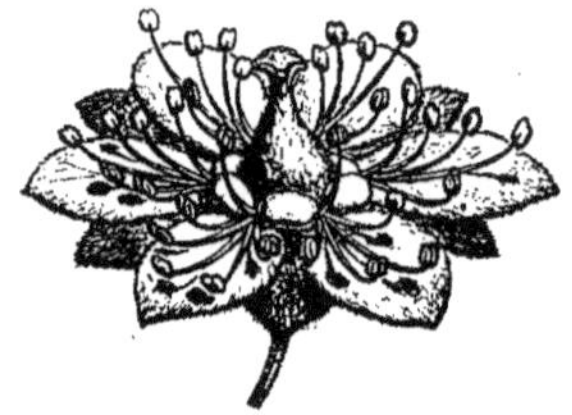

Fig. 322. Fleur ($\frac{2}{1}$).

Fig. 323. Fleur, coupe longitudinale.

Les folioles de l'un et de l'autre sont en nombre variable, de cinq à huit le plus ordinairement. Les sépales sont valvaires ou légèrement imbriqués. La corolle est formée d'un même nombre de folioles alternes, souvent analogues aux sépales pour la couleur et la consistance, mais plus développées, imbriquées ou tordues dans la préfloraison. Dans certaines espèces telles que les *H. paniculatum, integrifolium, napaulense,* devenus les types du genre *Blackwellia* [2], il y a en face de chaque pétale une étamine, insérée comme lui sur la gorge du réceptacle, et

1. *Homalium* JACQ., *Stirp. amer.* (1763), 173, t. 183, fig. 72. — J., *Gen.*, 343, 452. — LAMK, *Dict.*, I, 32; *Suppl.*, I, 112; *Ill.*, t. 483. — DC., *Prodr.*, II, 53. — ENDL., *Gen.*, n. 5086. — PAYER, *Fam. nat.*, 83. — BENTH., in *Journ. Linn. Soc.*, IV 83. — B. H., *Gen.*, 800, n. 15 (incl. : *Acoma* ADANS., *Astranthus* LOUR., *Blackwellia* J., *Cordylanthus* BL., *Lagunczia* SCOP., *Myriantheia* DUP.-TH., *Napimoga* AUBL., *Nisa* NORONH. (!), *Pythagorea*

LOUR., *Racoubea* AUBL., *Tattia* SCOP., *Vermontea* SCOP.).

2. COMM., ex J., *Gen.*, 343. — LAMK, *Dict.*, 1,428; *Suppl.*, I, ..; *Ill.*, t. 412. — DC., *Prodr.*, II, 54. — ENDL., *Gen.*, n. 5087. — PAYER, *Fam. nat.*, 83. — *Astranthus* LOUR., *Fl. cochinch.*, 221. — *Nisa* NORONH., ex DUP.-TH., *Nov. gen. madag.*, 24. — DC., *Prodr.*, II, 55. — ENDL., *Gen.*, n. 5091. — PAYER, *Fam. nat.*, 82.

formée d'un filet libre et d'une anthère biloculaire, extrorse, déhiscente par deux fentes longitudinales. Dans l'*H. racemosum*, au contraire, et dans un grand nombre d'espèces voisines, il y a deux étamines, ou bien un faisceau formé d'un nombre variable de ces organes, en face de chaque pétale [1]. Dans toutes les espèces, des glandes alternipétales sont inter-posées aux faisceaux staminaux au niveau desquels elles s'in-sèrent. L'ovaire, en partie in-fère, est uniloculaire, avec trois, quatre ou un plus grand nombre de placentas qui portent chacun un [2], deux ou un plus grand nombre d'ovules, anatropes et descendants. Le sommet libre de l'ovaire est surmonté d'un nombre de branches stylaires égal à celui des placentas avec lesquels elles alternent, et stig-

Homalium (Nisa) involucratum.

Fig. 324. Bouton ($\frac{4}{1}$).

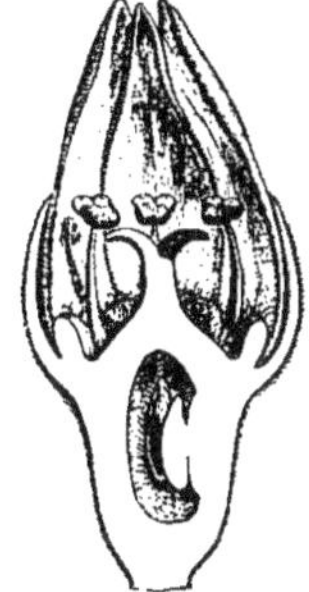

Fig. 325. Bouton, coupe longitudinale.

matifères à leur sommet à peine renflé. Le fruit est une capsule autour de laquelle persistent le réceptacle et le périanthe durci. Elle s'ouvre au sommet en autant de valves qu'il y avait de carpelles, et qui s'écar-tent pour laisser sortir des graines à albumen charnu, à embryon axile, avec des cotylédons foliacés et peu développés. On connaît une tren-taine [3] d'Acomas, originaires des régions chaudes de toutes les parties du monde. Ce sont des arbres et des arbustes, à feuilles alternes, sim-ples, pétiolées, avec ou sans stipules. Leurs fleurs sont disposées en grappes axillaires, ramifiées, multiflores.

Les *Byrsanthus* [4] (fig. 326) sont fort peu différents des *Homalium*. Leurs fleurs ont la même organisation générale : même réceptacle con-cave, même gynécée, même mode de placentation. Mais les sépales, au

<hr>

1. Caractère d'une section qui autrefois consti-tuait le genre *Racoubea* (Aubl., *Guian.* (1775), I, 589, t. 236 ; — *Napimoga* Aubl., *loc. cit.*, 592, t. 237 ; — *Myriantheia* Dup.-Th., *Gen. nov. madag.*, 21 ; — Endl., *Gen.*, n. 5090 ; — *Cordylanthus* Bl., *Mus. lugd.-bat.*, II, 27, t. 3).

2. Dans la section *Nisa* (fig. 325).

3. Sw., *Fl. ind. occ.*, 989, t. 17. — Lindl., in *Bot. Reg.*, t. 1308. — Wall., *Pl. as. rar.*, t. 179. — Deless., *Ic. sel.*, III, t. 53 (*Black-wellia*). — Vent., *Ch. de pl.*, t. 55-57 (*Blackwellia*). — Wight, *Icon.*, t. 1854. — Bl.,

Mus. lugd.-bat., II, 28. — Benth., *Fl. hongk.*, 122 ; *Fl. austral.*, III, 309 ; *Niger*, 361. — Tul., in *Ann. sc. nat.*, sér. 4, VIII, 58 (*Black-wellia*), 65 (*Myrianthea*), 67 (*Nisa*). — Mast., in *Oliv. Fl. trop. Afr.*, II, 497. — Tr. et Pl., in *Ann. sc. nat.*, sér. 4, XVII, 118. — Miq., *Fl. ind.-bat.*, I, p. II, 714. — Harv. et Sond., *Fl. cap.*, I, 72 (*Blackwellia*).

4. Guillem., in *Deless. Ic. sel.*, III, 30, t. 52 (nec Presl). — Lindl., *Veg. Kingd.*, 742, fig. 446. — Payer, *Fam. nat.*, 83. — B. H., *Gen.*, 800, n. 16. — *Anetia* Endl., *Gen.*, n. 5088.

nombre de cinq ou six, sont plus épais, et les pétales sont coriaces, connivents, en forme de cuillerons concaves en dedans, avec les bords indupliqués. Les étamines sont ordinairement en nombre triple de celui des pétales. Il y en a d'abord une en face de chaque pétale ; et en dehors d'elle se trouve une glande, puis, plus extérieurement encore, une paire d'étamines. Celles-ci sont libres, formées d'un filet grêle et d'une anthère biloculaire, extrorse. Autour du gynécée se voient cinq autres glandes, plus intérieures que les précédentes et alternes avec elles. Le fruit est une capsule qui s'ouvre au sommet en autant de panneaux qu'il y avait de carpelles et de styles, c'est-à-dire quatre ou cinq. Les graines avortent pour la plupart, sauf une seule qui remplit presque tout le fruit, et qui, sous ses téguments. renferme un albumen charnu enveloppant un embryon à radicule conique supère et à larges cotylédons foliacés. Les feuilles sont alternes, sans stipules, et les fleurs, articulées, sont disposées, comme celles des *Homalium*, sur des axes ramifiés ; mais leurs pédicelles sont extrêmement courts. On décrit deux espèces[1] de *Byrsanthus*, originaires de l'Afrique tropicale occidentale, arbres à feuilles simples, alternes et à fleurs rapprochées en grappes ou en épis.

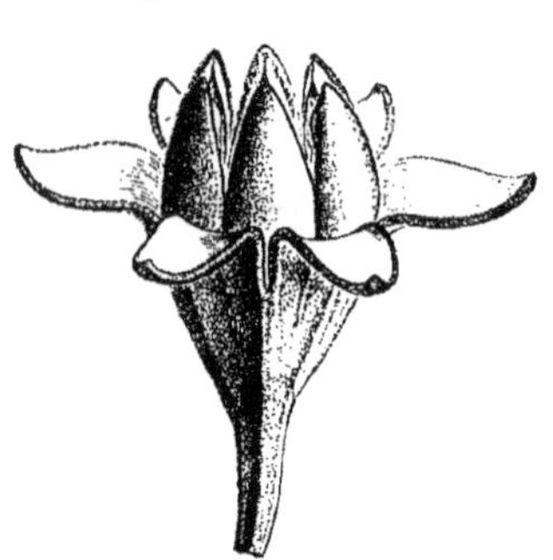

Byrsanthus Brownii.

Fig. 326. Fruit (²⁄₁).

VII. SÉRIE DES PANGIUM.

Les fleurs sont, dans cette série, dioïques ou polygames. Celles des *Pangium*[2] (fig. 327-329) ont un calice gamosépale, valvaire, inégalement déchiré hors de l'anthèse. Plus intérieurement, le réceptacle convexe porte de cinq à huit pétales imbriqués. Chacun d'eux présente, en dedans de sa base, une assez grande écaille aplatie. Les étamines sont en nombre indéfini dans la fleur mâle, et chacune d'elles est formée

---

1. Mast., in *Oliv. Fl. trop. Afr.*, II, 498.
2. Rumph., *Herb. amboin.*, II, 182, t. 59. — Reinw., in *Syllog. pl. Soc. ratisb.*, II, 12. — Bl. *De nov. quib. plant. fam. exp.* (ex *Ann. sc. nat.*, sér. 2, II, 90) ; *Rumphia*, IV, 20, t. 178; *Mus. lugd.-bat.*, I, 14. — Benn., *Pl. jav. rar.*, 205, 208, t. 43. — Lindl., *Veg. Kingd.*, 323, fig. 223. — B. H., *Gen.*, 129, n. 23. — Lem. et Dcne, *Tr. gén.*, 427. — Schnizl., *Iconogr.*, t. 195 a.

d'un filet épais, renflé et charnu, atténué à son sommet, qui supporte une anthère ovale, biloculaire, introrse, déhiscente par deux fentes longitudinales. Dans la fleur femelle, le périanthe est le même, et les étamines, en petit nombre, sont ré-duites ordinairement à des languettes hypogynes. Le gynécée est composé d'un ovaire sessile, surmonté d'une large plaque glanduleuse, stigmati-que, irrégulièrement divisée en deux, trois ou quatre lobes par des sillons peu profonds. Dans l'intérieur de l'ovaire, il n'y a qu'une seule cavité, avec deux ou trois placentas parié-taux, peu proéminents, supportant chacun un nombre variable d'ovules anatropes, horizontaux ou un peu

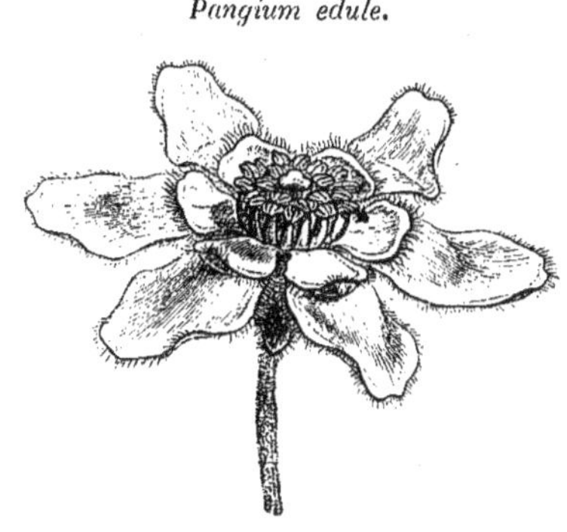

Pangium edule.

Fig. 327. Fleur mâle.

obliques, disposés sur deux rangées verticales. Le fruit est une énorme baie globuleuse, indéhiscente, dont l'intérieur renferme un grand nombre de grosses graines, nichées dans sa pulpe, irrégulières, com-

Pangium edule.

Fig. 328. Graine.

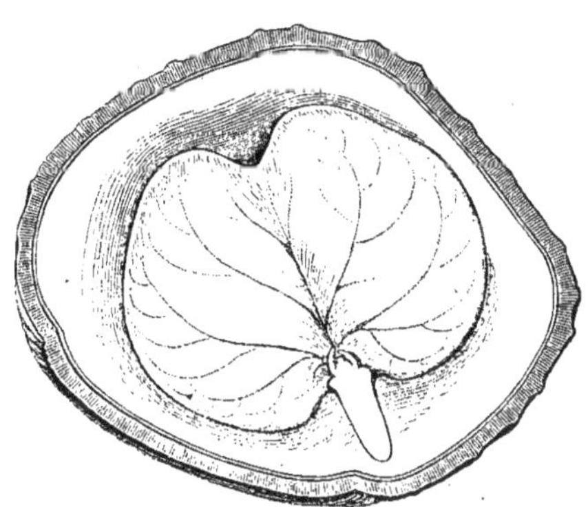

Fig. 329. Graine, coupe longitudinale.

primées, présentant sur un de leurs bords une longue et étroite cica-trice ombilicale, et dont les téguments ligneux portent en dehors un riche réseau de nervures saillantes. Dans l'intérieur se trouve un épais albumen huileux, au centre duquel est un grand embryon, à radi-cule conique, plus ou moins oblique, et à larges cotylédons foliacés, cordés et digitinerves à leur base. On ne connaît qu'une espèce de

Pangium [1] *:* c'est un arbre javanais, à feuilles alternes, pétiolées, avec deux stipules latérales, plus ou moins adnées au pétiole, souvent persistantes, et un limbe córdé, digitinerve à la base, entier ou trilobé. Ses fleurs sont axillaires ; les femelles, solitaires ; les mâles, disposées en grappes ramifiées de cymes.

Tout à côté des *Pangium* se placent : les *Gynocardia*, qui ont la même organisation générale, avec un calice valvaire, mais cupuliforme, laissant sortir au-dessus de lui la corolle dans le bouton, des anthères allongées, et un ovaire à cinq placentas multiovulés, surmonté d'un nombre égal de divisions stylaires, à large tête stigmatifère ; les *Bergsmia*, qui,

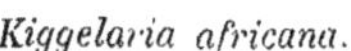

Kiggelaria africana.

Fig. 330. Fleur mâle ($\frac{4}{1}$).				Fig. 331. Fleur femelle ($\frac{2}{1}$).

avec le périanthe des *Pangium*, ont des fleurs beaucoup plus petites, en grappes, et à peu près autant d'étamines alternes que de pétales. Dans les fleurs femelles, elles sont réduites à quatre ou cinq languettes stériles ; dans les mâles, leurs filets sont inférieurement rapprochés en tube autour d'un rudiment de gynécée, et leurs anthères, rayonnantes, d'abord introrses, tournent définitivement en haut leurs lignes de déhiscence.. Dans les *Trichadenia*, le calice se déchire inégalement ou se détache circulairement par sa base. Les étamines sont étroites et allongées, comme celles des *Gynocardia ;* mais les loges sont marginales, et l'androcée est isostémone. Les placentas sont généralement uniovulés. Les *Hydnocarpus* ont de cinq à huit étamines. Dans leurs fleurs femelles, elles sont souvent fertiles, c'est-à-dire pourvues d'une anthère basifixe, souvent réniforme, à loges marginales. Les placentas sont souvent pauciovulés, et les ovules ascendants ont le micropyle dirigé en bas et en dedans. De plus, le calice, au lieu d'être gamosépale et valvaire, est composé de folioles très-nettement imbriquées. Il en est de même dans les *Rawsonia* qui relient étroitement les Pangiées aux Bixées, par l'intermédiaire des *Oncoba*, et dont les fleurs polygames ont de quatre à cinq sépales, passant graduellement à un même nombre de pétales, doublés en dedans d'une lame presque pétaloïde ou chargée de duvet, et des étamines en

1. *P. edule* REINW., *Cat. pl. buitenz.*, 112. — MIQ., *Fl. ind.-bat.*, I, p. II, 109. — WALP., *Rep.*, V, 58 ; *Ann.*, II, 62. — *Cloak* v. *Klobach* RADEMACH., *Besk. Jav. pl.*, 21 ; *Biju.*, 52. — *Pangi.* RUMPH., *loc. cit.* — BUCH., *Dec.*, V, t. 7.

grand nombre, à anthères plus ou moins sagittées à la base, et insérées sur un réceptacle plus ou moins dilaté. Leur ovaire renferme de deux à cinq placentas multiovulés, et il est surmonté d'un style à lobes plus ou moins développés, dressés ou finalement étalés et radiés. Enfin, les *Kiggelaria* (fig. 330, 331) ont un calice valvaire, ou à peine imbriqué, des anthères déhiscentes seulement dans une faible étendue, voisine de leur sommet, et un fruit qui s'ouvre difficilement ou incomplétement, en un nombre variable de valves.

VIII. SÉRIE DES PAPAYERS.

Les Papayers [1] (fig. 332-338) ont les fleurs polygames ou dioïques, régulières. Dans les fleurs mâles, le réceptacle convexe porte un calice gamosépale, ordinairement peu développé, découpé en cinq dents imbriquées ou valvaires, et une corolle gamosépale, ordinairement infundibuliforme ou hypocratérimorphe, à tube étroit et à limbe partagé en cinq lobes égaux [2]. L'androcée est formé de dix étamines superposées, cinq aux divisions du calice et cinq, placées plus bas, aux lobes de la corolle. Elles sont toutes insérées vers la gorge de cette dernière, et formées chacune d'une anthère biloculaire, introrse, déhiscente par deux fentes longitudinales, et d'un filet variable, soit comme longueur [3], soit en ce qu'il est tout à fait libre ou uni dans une étendue variable de sa base avec les filets voisins [4]. Un gynécée rudimentaire, à sommet atténué, occupe le fond de la fleur. Dans les fleurs femelles, il y a un calice, analogue à celui des fleurs mâles, et une corolle de cinq pétales libres,

1. *Papaya* T., *Inst.*, 659, t. 441. — ADANS., *Fam. des pl.*, II, 357. — J., *Gen.*, 399. — GÆRTN., *Fruct.*, II, 191, t. 122. — DC., in *Lamk Dict.*, V, 2. — LAMK, *Ill.*, t. 821. — A. DC., *Prodr.*, XV, p. I, 414. — H. BN, in *Adansonia*, X, 258. — *Carica* L., *Gen.*, n. 1127 (ed. 1, n. 759). — TURP., in *Dict. sc. nat.*, Atl., t. 212. — SCHNIZL., *Iconogr.*, fasc. 7, ic. — SPACH, *Suit. à Buffon*, XIII, 314. — ENDL., *Gen.*, n. 5119. — PAYER, *Fam. nat.*, 118. — B. H., *Gen.*, 815, n. 17.

2. Quand ils sont tordus dans la préfloraison, leurs deux moitiés sont souvent un peu insymétriques. La corolle est généralement grande, blanche, jaunâtre ou verdâtre. Dans les véritables *Papaya* (*Eupapaya*), M. A. DE CANDOLLE décrit les lobes de la corolle comme étant constamment « dextrorsum (e centro floris observati) contorti ». Mais MM. BENTHAM et HOOKER disent

avec raison : « Character ab æstivatione desumptus inter *Papayam* et *Vasconcelliam*, qui ex sententia CANDOLLEI optimus est, nobis nullius momenti apparet, cum in duabus speciebus flores in eodem specimine invenimus æstivatione sinistrorsum et dextrorsum contorta. »

3. Souvent les cinq anthères oppositipétales sont presque sessiles, les cinq autres ayant des filets plus longs. Le pollen est ovoïde, avec trois plis ; dans l'eau, il devient sphérique avec trois bandes à papilles. (H. MOHL, in *Ann. sc. nat.*, sér. 2, III, 327.)

4. La monadelphie est plus ou moins prononcée dans les *Jacaratia* (MARCGR., *Bras.*, 128, ic. ; — A. DC., *Prodr.*, 419 ; — B. H., *Gen.*, 815, n. 18), distingués parfois génériquement, et dont les feuilles sont constamment digitées ; mais que nous ne conservons que comme section dans le genre *Papaya*.

valvaires ou tordus dans le bouton. L'androcée manque totalement, ou, plus rarement, il est formé d'un nombre variable d'étamines hypogynes, peu développées , mais cependant fertiles , comme celles des fleurs mâles [1]. Le gynécée, ici complétement développé, se compose d'un ovaire

Papaya Carica.

Fig. 332. Port ($\frac{1}{10}$).

libre, uniloculaire, surmonté d'un style à cinq branches plus ou moins divisées et subdivisées en rameaux dont l'extrémité est stigmatifère. Dans l'ovaire se voient cinq placentas pariétaux, plus ou moins proéminents et chargés d'un nombre indéfini d'ovules anatropes [2]. Le fruit est

1. D'où il résulte que les *Papaya* femelles, cultivés loin de tout pied mâle, donnent assez souvent, dans nos serres, des fruits contenant des graines fertiles.

2. Disposés sur deux ou sur un nombre plus considérable de séries. Ils ont deux enveloppes et demeurent longtemps cylindriques, allongés, phalliformes. A l'âge adulte, leur funicule, qui sert à diriger les tubes polliniques vers le micropyle, s'épaissit souvent en face de ce dernier.

une baie dont la pulpe renferme de nombreuses graines. Celles-ci sont formées de téguments épais, principalement le moyen [1]; ils recouvrent

Papaya Carica.

  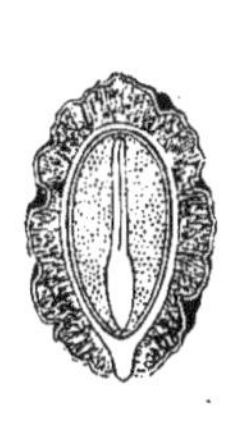 

Fig. 333. Fleurs mâles.   Fig. 335. Graine ($\frac{2}{1}$). Fig. 336. Graine,   Fig. 334. Fleur mâle,
                                            coupe longitudinale.   corolle étalée.

un albumen charnu, qui lui-même enveloppe un embryon axile, à radicule cylindrique, à cotylédons foliacés oblongs, digitinerves à la base.

Papaya (Vasconcella) quercifolia.

Fig. 337. Inflorescence mâle.   Fig. 338. Fleur mâle, corolle étalée.

Certains Papayers, distingués sous le nom de *Vasconcella* [2] (fig. 337, 338), diffèrent des précédents en ce que leur corolle est plus souvent valvaire et en ce que leur ovaire est partagé, jusqu'à une hauteur variable, en cinq loges plus ou moins incomplètes qui présentent chacune un placenta sur leur paroi dorsale.

1. Il est souvent d'une consistance subéreuse et il renferme un latex laiteux ; il est enveloppé d'une membrane souvent décrite comme un arille adhérent. (JACQ. F., *Eclog.*, 101. — J. G. AGARDH, *Theor. Syst. pl.*, 379.—B. H., *loc. cit.*) Le testa est coriace ou crustacé, à surface extérieure lisse, rugueuse ou hérissée d'aiguillons.

2. A. S. H., *Deux. Mém. sur les Résédac.*, II, 13, in *Mém. Soc. roy. d'Orléans*, I, 12. — ENDL., *Gen.*, n. 5120. — PAYER, *Fam. nat.*, 119. — *Vasconcellea* A. DC., *Prodr.*, 415. — *Vasconcellia* B. H., *loc. cit.*

Les Papayers sont des arbres ou des arbustes de l'Amérique tropicale ; on en connaît plus de vingt espèces [1]. Tous leurs organes renferment un suc laiteux [2]. Leur tronc est souvent simple [3], et leur sommet se couronne d'une cime de feuilles alternes, plus ou moins rapprochées, pétiolées, sans stipules, avec un limbe simple, digitinerve, plus ou moins découpé, ou, plus rarement, composé-digité, avec un nombre de folioles qui varie de cinq à douze. Les fleurs sont axillaires ou disposées sur le bois en grappes simples, ou en grappes de cymes, sans bractées.

IX. SÉRIE DES TURNERA.

Les *Turnera* [4] (fig. 339-342) ont des fleurs régulières et ordinairement hermaphrodites. Leur périanthe extérieur, ou calice, a la forme d'un tube [5], qui supérieurement se dilate en entonnoir ou en cloche, et se divise en ce point en cinq lames oblongues, linéaires ou lancéolées, disposées dans le bouton en préfloraison quinconciale. La corolle est formée de cinq pétales, alternes avec les divisions du calice. Le plus souvent ils s'insèrent vers sa gorge et prennent un grand développement, de façon à être représentés par de larges lames colorées [6], membraneuses, obovales-arrondies ou spatulées, avec un onglet court, et ils se disposent dans le bouton en préfloraison tordue. Mais il y a certaines espèces dans lesquelles les pétales, peu développés, de couleur peu éclatante,

1. JACQ., *Hort. schœnbr.*, III, t. 309-311. — JACQ. F., *Eclog.*, t. 68, 69. — AUBL., *Guian.*, II, t. 346. — VELLOZ., *Fl. flum.*, X, t. 130-133. — HÖOK. etARN., *Beech. Voy.*, *Bot.*, 425, t. 98. — DESF., in *Ann. Mus.*, I, 273, t. 18 (*Vasconcella*). — POEPP. et ENDL.., *Nov. gen. et spec.*, II, t. 182. — WIGHT, *Ill.*, t. 106, 107. — DESC., *Fl. méd. Ant.*, I, t. 47, 48. — C. GAY, *Fl. chil.*, II, 413, t. 25. — A. GRAY, *Amer. expl. Exp.*, *Bot.*, I, 640. — ERNST, in *Seem. Journ. of Bot.* (1866), 81. — MIQ., *Fl. ind.-bat.*, I, 697. — *Bot. Reg.*, t. 459. — *Bot. Mag.*, t. 2898, 2899, 3633. — WALP., *Rep.*, II, 205 ; *Ann.*, II, 649 ; IV, 868.

2. Il est chargé d'aiguillons dans les *Jacaratia*, ainsi que les rameaux, les pétioles, etc.

3. VAUQUEL., in *Ann. chim.*, XLIII, 267. — HOLDER, in *Mem. Werner. Soc.*, III, 245. — POEPP., *loc. cit.*, II, 60. — SCHACHT, in *Ann. sc. nat.*, sér. 4, VIII, 164.

4. PLUM., *Gen.*, 15, t. 12. — L., *Gen.*, n. 376. — ADANS., *Fam. des pl.*, II, 244. —

J., *Gen.*, 313. — GÆRTN., *Fruct.*, I, 366, t. 76. — POIR., *Dict.*, VIII, 141 ; Suppl., V, 374 ; *Ill.*, t. 212. — DC., *Prodr.*, III, 346. — TURP., in *Dict. sc. nat.*, Atl., t. 214. — SPACH, *Suit. à Buffon*, VI, 250. — LINDL., *Veg. Kingd.*, 347, t. 239. — ENDL., *Gen.*, n. 5056. — PAYER, *Fam. nat.*, 92. — B. H., *Gen.*, 806, n. 1. — LEM. et DCNE, *Tr. gén.*, 277. — H. BN, in *Adansonia*, X, 258. — *Pumilea* P. BR., *Jam.*, 188 (ex ADANS.). — *Bohadschia* PRESL, *Rel. Hœnk.*, II, 98, t. 68. — *Tribolacis* GRISEB., *Fl. brit. W.-Ind.*, 297. — *Triacis* GRISEB., *loc. cit.* (ex B. H.).

5. Ce tube est probablement de nature réceptaculaire et comparable, à cet égard, à celui des *Samyda*. S'il en est ainsi, il serait préférable de dire que les sépales sont libres, ou à peu près, et que le véritable calice ne commence que là où s'insèrent les pétales.

6. En jaune, blanc, rosé ou lilas, avec parfois une macule basilaire, d'un pourpre noirâtre.

sont réduits à des languettes qui ne dépassent pas, ou même n'atteignent
pas le sommet des sépales, en même temps qu'elles sont trop étroites

Turnera cistoides.

Fig. 339. Rameau florifère.

pour se recouvrir ou se toucher, même dans le bouton[1]. Dans l'une de
ces espèces, distinguée sous le nom générique d'*Erblichia*[2], l'onglet du
pétale est couronné de courts filaments. L'androcée est formé de cinq
étamines alternes avec les pétales et insérées, ou au même niveau, ou,
plus ordinairement, plus bas qu'eux sur le tube floral. Elles peuvent de
la sorte descendre très-bas ; et leur insertion peut même arriver à être
presque complétement hypogynique ; c'est ce qui arrive surtout dans
certaines espèces africaines dont on fait le genre *Wormskioldia*[3]. Chaque

1, Notamment dans le *T. decipiens* (H. Bn,
in *Adansonia*, X, 246), dont nous avons fait le
type d'une section *Cephalacis*, et dont les inflorescences sont des capitules.

2. Seem., *Voy. Her.*, *Bot.*, 130, t. 27. —
B. H., *Gen.*, 807, n. 2.

3. Schum. et Thönn., *Beskr.*, I, 165. —
Endl., *Gen.*, n. 5058. — B. H., *Gen.*, 807,
n. 3. — *Tricliceras* DC., *Pl. rar. Jard. Gen.*,
56. — *Schumacheria* Spreng., *Gen.*, 232,
n. 1220 (nec Vahl). — *Streptopetalum*
Hochst., in *Flora* (1841), 665.

étamine se compose d'ailleurs d'un filet libre, linéaire ou aplati, et d'une anthère oblongue, biloculaire, introrse, déhiscente par deux fentes longitudinales. Le gynécée est libre au fond du tube floral; il est formé d'un ovaire uniloculaire et surmonté de trois styles, dont deux antérieurs,

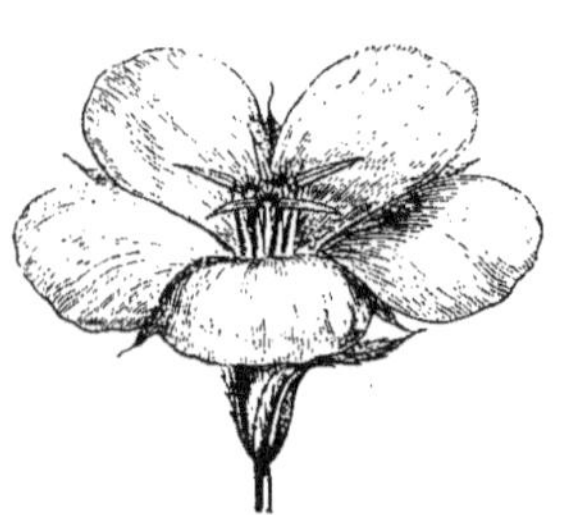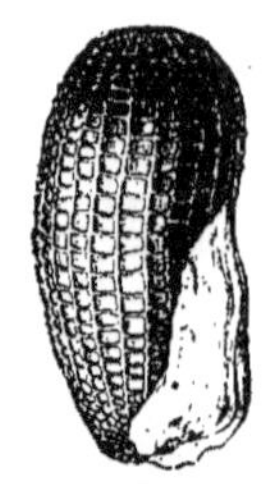

Turnera ulmifolia.

Fig. 340. Fleur.   Fig. 341. Fruit déhiscent.   Fig. 342. Graine ($\frac{4}{1}$).

ordinairement simples, plus rapidement bipartits, comme il arrive dans les *Piriqueta* [1], avec le sommet stigmatifère à peu près entier [2], plus ordinairement fimbrié, flabelliforme [3]. Chaque placenta supporte un, deux ou, plus souvent, un nombre indéfini d'ovules ascendants, anatropes, à micropyle intérieur et inférieur [4]. Le fruit (fig. 341) est une capsule presque globuleuse, ovoïde, oblongue, ou, dans certains *Wormskioldia*, étroite et fort allongée, siliquiforme et toruleuse. Ses trois valves portent sur le milieu de leur face interne un nombre très-variable de graines (fig. 342), pourvues d'un arille membraneux [5] et dont les téguments [6] recouvrent un albumen charnu et un embryon axile, à peu près cylindrique, à cotylédons plan-convexes. On connaît environ soixante-quinze espèces [7] de ce genre; ce sont des plantes herbacées, suffrutescentes ou frutescentes, glabres ou couvertes de poils, et dont le port et le feuillage sont très-variables. Les feuilles sont alternes,

<hr>

1. AUBL., *Guian.*, I, 298, t. 117. — J., *Gen.*, 295. — DC., *Prodr.*, III, 348. — ENDL., *Gen.*, n. 5057. — *Burghartia* NECK., *Elem.*, n. 1186. — *Burkardia* SCOP., *Introd.*, n. 1027.

2. Il est tel notamment dans l'*Erblichia.*

3. Les divisions sont au nombre de deux à cinq, ou bien en nombre indéfini.

4. Quand ils sont nombreux, ils sont disposés sur deux rangées pour chaque placenta; ils ont deux enveloppes, et leur région ombilicale présente déjà un petit renflement en forme de bourrelet, premier rudiment de l'arille.

5. Celui-ci a le plus souvent la forme d'une petite feuille dressée, presque indépendante de la graine ou enveloppant en partie sa base

comme une sorte de cornet. Nous avons vu qu'il naissait de l'ombilic.

6. Le testa est crustacé et en général assez régulièrement fovéolé.

7. H. B. K., *Nov. gen. et spec.*, VI, 127. — A. S. H., *Fl. Bras. mer.*, II, 212, t. 119-124. — TUL., in *Ann. sc. nat.*, sér. 5, IX, 322, 324 (*Wormskioldia*). — GUILLEM. et PERR., *Fl. Sen. Tent.*, I, t. 11 (*Wormskioldia*). — HARV. et SOND., *Fl. cap.*, II, 599. — HARV., *Thes. cap.*, t. 140. — HOOK., *Icon.*, t. 522. — KL., in *Pet. Reise Moss.*, *Bot.*, 146, t. 26 (*Wormskioldia*). — GRISEB., *Fl. brit. W.-Ind.*, 297. — WALP., *Rep.*, II, 228, 230; V, 782; *Ann.*, II, 658.

sessiles ou pétiolées, simples, entières, dentées ou pinnatifides. La base de leur pétiole est accompagnée de deux stipules latérales, souvent petites, parfois nulles; et celle de leur limbe porte parfois deux glandes latérales. Leurs fleurs sont axillaires, solitaires, ou plus rarement réunies en grappes ou en cymes, quelquefois en capitules (*Cephalacis*), et elles sont assez souvent connées dans une étendue variable avec le pétiole de leur feuille axillante. Les *Turnera* sont généralement américains, plus rarement originaires de l'Afrique tropicale et australe; les *Wormskioldia* sont tous de ces dernières régions.

X. SÉRIE DES COCHLOSPERMUM.

Les *Cochlospermum* [1] (fig. 343) ont de belles fleurs hermaphrodites, régulières, à réceptacle légèrement convexe, portant cinq sépales [2], imbriqués en quinconce, caducs, et cinq pétales alternes, tordus dans la

Cochlospermum Gossypium.

Fig. 343. Fleur.

préfloraison. Plus haut s'insèrent un grand nombre d'étamines hypogynes, formées chacune d'un filet libre [3] et d'une anthère à peu près basifixe, allongée, à deux loges [4], s'ouvrant en dedans de son sommet [5]

---

1. K., *Malvac.*, 6.—CAMBESS., in *Mém. Mus.*, XVI, 402. — ENDL., *Gen.*, n. 5405. — PL., *Sur la nouv. fam. des Cochlospermées* (in *Hook. Lond. Journ.*, VI, 306). — B. H., *Gen.*, 124, 971, n. 1.— BENTH., in *Journ. Linn. Soc.*, V, Suppl., 78. — H. BN, in *Adansonia*, X, 259.— *Maximiliana* MART., in *Flora* (1819), 451. — *Wittelsbachia* MART. et ZUCC., *Nov. gen. et spec.*, I, 80, t. 55. — *Azeredia* ARRUD. (ex ALLEM., *Desenb. Arrud.*, c. ic.).

2. Exceptionnellement quatre ou six.

3. Quelquefois un peu plus long d'un côté de la fleur que de l'autre.

4. Partagées chacune en deux logettes dans la plus grande partie de leur longueur.

5. Souvent surmonté d'un petit apicule.

par un orifice quelquefois très-court, ailleurs un peu plus allongé et constitué par deux fentes courtes qui circonscrivent en s'unissant en haut un court panneau triangulaire [1]. Le gynécée est supère ; il se compose d'un ovaire libre, uniloculaire, surmonté d'un style tubuleux, à extrémité stigmatifère entière ou légèrement dentelée. Dans l'ovaire, en face des sépales, se voient cinq placentas pariétaux (ou seulement trois, les deux placentas latéraux venant à disparaître), falciformes et se regardant par leur bord concave. Inférieurement, ils arrivent ordinairement au contact ; si bien que l'ovaire devient à ce niveau pluriloculaire. Supérieurement, ils demeurent plus ou moins écartés les uns des autres ; de sorte qu'à ce niveau l'axe de l'ovaire est occupé par une cavité unique. Sur chacune des faces des placentas et dans une étendue très-variable de leur portion inférieure [2], se voient, en nombre indéfini, des ovules anatropes, disposés sur deux ou plusieurs séries. Le fruit est une capsule à trois ou cinq loges incomplètes, dont le mode de déhiscence est tout particulier. Son endocarpe, membraneux ou parcheminé, se partage en valves qui portent sur le milieu de leur face interne les cloisons séminifères ; en même temps il se détache des couches plus extérieures du péricarpe, dont les valves alternent avec les siennes. Les graines, réniformes ou spiralées, contiennent sous leurs téguments [3], dont l'extérieur est chargé de poils laineux plus ou moins longs, un albumen charnu dans l'axe duquel se trouve un embryon incurvé, verdâtre, à radicule cylindro-conique et à cotylédons ovales, foliacés.

Les *Cochlospermum* sont des arbres, des arbustes ou des herbes vivaces, à rhizome tubéreux [4], gorgés d'un suc jaune ou rougeâtre. Leurs feuilles sont alternes, palmatifides ou digitées. Leurs fleurs sont disposées, au sommet des rameaux et dans l'aisselle des feuilles supérieures, en grappes plus ou moins composées. On distingue dans ce genre une douzaine d'espèces [5], originaires des régions tropicales de toutes les parties du monde.

---

1. M. PLANCHON a distingué deux sous-genres : les *Diporandra*, dont les anthères s'ouvriraient par deux pores, et les *Eucochlospermum*, où il n'y en aurait qu'un seul.

2. La ligne suivant laquelle s'arrête en haut l'insertion ovulaire est souvent plus ou moins oblique de haut en bas et de dedans en dehors.

3. Nous avons fait voir (*Adansonia*, X, 260) que sous le tégument superficiel, chargé de poils, le testa, dur et foncé, porte à l'une de ses extrémités (celle qui correspond au sommet des cotylédons) une ouverture circulaire faite comme à l'emporte-pièce, et qui serait béante,

si la membrane intérieure, ailleurs molle et pâle, ne s'épaississait à ce niveau en une sorte de bouchon brunâtre, qui vient s'appliquer comme une soupape sur l'orifice interne de cette solution de continuité. Nous avons observé la même particularité dans l'*Amoreuxia*.

4. Qu'il faut sans doute considérer comme une tige ligneuse, courte, trapue, souterraine ; de sorte que les axes aériens herbacés ne seraient que des rameaux annuels.

5. L., *Syst.*, 517 (*Bombax*). — BURM., *Ind.*, 145 (*Bombax*). — CAV., *Diss.*, V, 297, t. 157 (*Bombax*). — SONNER., *Voy.*, II, 235, t. 133.

Dans certains *Cochlospermum*, les cloisons falciformes de l'ovaire s'élèvent beaucoup, de façon qu'il n'y a plus, au-dessous de la base du style, qu'une très-petite cavité suivant l'axe de l'ovaire. Dans une ou deux espèces des régions occidentales des deux Amériques, que l'on a distinguées génériquement sous le nom d'*Amoreuxia* [1], mais qui, pour nous, ne peuvent constituer qu'une série dans le genre *Cochlospermum*, les trois cloisons s'élèvent bien plus haut et partagent la cavité de l'ovaire en trois loges à peu près complètes. L'organisation de la fleur, celle des feuilles, des fruits et des graines est la même ; mais le tégument superficiel des semences ne porte que des poils clair-semés et très-courts, comme il arrive dans certains Cotonniers ; ce qui fait qu'il a été décrit à tort comme tout à fait glabre.

La famille des Bixacées est une famille par enchaînement. Elle a été établie en 1815, sous le nom de Flacourtianées, par L. C. RICHARD [2], dont le fils démontra plus tard l'identité de ce dernier groupe avec celui des Bixacées proprement dites. A. L. DE JUSSIEU avait, dans son *Genera*, confondu parmi les Tiliacées ceux des genres de Bixacées que l'on connaissait de son temps, c'est-à-dire les *Flacourtia*, *Oncoba*, *Bixa*, *Lœtia* et *Banara*. Il laissait dans les *Incertæ sedis* les *Samyda*, et, sous le nom d'*Anavinga*, les *Guidonia* (*Casearia*), qu'il plaçait, d'autre part, parmi les Cistes, sous le titre de *Piparea*. Les *Papaya* lui semblaient devoir être rangés parmi les Cucurbitacées ; les *Turnera*, parmi les Portulacées ; les *Ludia* et les *Homalium*, parmi les Rosacées. En 1822, KUNTH [3] donna à la famille le nom de Bixinées, suivi de près par DE CANDOLLE [4], qui conserva comme distincts les Ordres des *Flacourtianeæ* et des *Bixineæ*, admettant, dans le premier, les *Ryania*, *Flacourtia*, *Xylosma* (*Roumea*), *Kiggelaria*, *Melicytus*, *Hydnocarpus*, *Erythrospermum*, et dans le dernier, les *Bixa*, *Banara*, *Lœtia*, *Prockia*, *Ludia* et *Azara*. C'est en 1836

(*Bombax*). — A. S. H., *Pl. us. Bras.*, t. 57 ; *Fl. Bras. mer.*, I, 296. — CAMBESS., in *Mém. Mus.*, XVI, 402. — WIGHT, in *Hook. Bot. Misc.*, Suppl., t. 18. — WIGHT et ARN., *Prodr.*, I, 87. — ROXB., *Fl. ind.*, II, 169. — K., *Syn. pl. æquin.*, III, 214. — H. B. K., *Nov. gen. et spec.*, VII, 233. — GUILLEM. et PERR., *Fl. Sen. Tent.*, I, t. 21. —OLIV., *Fl. trop. Afr.*, I, 112. — F. MUELL., *Fragm.*, I, 71. — BENTH., *Fl. austral.*, I, 105. — WALP., *Ann.*, I, 115 ; II, 176 ; VII, 222.

1. SESS. et MOÇ., *Fl. mexic. ined.* (ex DC., *Prodr.*, II, 638). — ENDL., *Gen.*, n. 6403 (*Rosaceæ*). — PL., in *Hook. Lond. Journ.*, VI, 140, 306, t. 1. — A. GRAY, *Pl. Wright.*, II, t. 12. — H. BN, in *Adansonia*, X, 259. — WALP., *Ann.*, IV, 340.

2. In *Mém. Mus.*, I, 366. — CLOS, in *Ann. sc. nat.*, sér. 4, IV, 362 ; VIII, 209.

3. *Diss. Malvac.*, 17. — BENTH., in *Journ. Linn. Soc.*, V, Suppl., 75-94.—B. H., *Gen.*, 122, Ord. 17.

4. *Prodr.*, I (1824), 255, 259, Ord. 13, 14.

que Lindley [1] substitua au nom de Bixinées celui de Bixacées, adopté par Endlicher [2] et par la plupart de ses successeurs. Lindley plaçait d'ailleurs, en 1846, dans une même Alliance, celle des *Violales*, les Bixacées proprement dites (Flacourtiacées) [3] et les Lacistémées, Samydacées et Turnéracées [4]. La petite Alliance des *Papayales*, qui, dans son *Vegetable Kingdom* [5], vient immédiatement avant celle-ci, renferme les deux Ordres des Papayacées et des Pangiacées [6]. Ces dernières ont paru aux auteurs plus modernes devoir faire partie du groupe des Bixacées ; tandis que les Papayacées [7] ont été rejetées bien loin d'elles, au voisinage des Passiflorées, comme aussi, pour la plupart, les Samydées [8], les Homaliées [9], les Turnérées [10]. Nous venons de proposer de laisser définitivement ces dernières dans la même famille que les Samydées, dont elles nous paraissent inséparables, de même que les Papayées le sont, à notre avis, des Pangiées. Les *Cochlospermum*, rapportés par les uns aux Cistacées [11], par les autres aux Ternstrœmiacées [12], ont été introduits par MM. Bentham et Hooker dans la famille des Bixacées [13], qui, grâce à la séparation, proposée par Payer, des Homaliées en deux séries secondaires, dont l'une, à gynécée libre, prend le nom de Calanticées [14], renferme actuellement dix groupes secondaires dont nous résumons les caractères généraux.

I. Bixées. — Fleurs généralement grandes, hermaphrodites ou polygames-dioïques. Pétales plus grands que les sépales, ou nuls, dépourvus d'appendice ou d'écaille intérieure, imbriqués ou tordus. Anthères linéaires ou oblongues, en nombre indéfini. Fruit sec ou charnu, déhis-

1. *Introd.*, ed. 2, 72.

2. *Gen.*, 917, Ord. 195. — J. G. Agardh, *Theor. Syst. pl.*, 255. — H. Bn, in *Adansonia*, X, 248.

3. *Veg. Kingd.*, 327, Ord. 110.

4. *Op. cit.*, 326, All. 26.

5. *Op. cit.*, 320, All. 25.

6. *Pangieæ* Bl., in *Ann. sc. nat.*, sér. 2, II (1834), 90 ; *Rumphia*, IV, 19. — B. H., *Gen.*, 129, trib. 4. — H. Bn, in *Adansonia*, X, 248, 257. — *Pangiaceæ* Endl., *Gen.*, 922. — Lindl., *Veg. Kingd.*, 323, Ord. 109.

7. *Papayaceæ* Ag., *Class.* (1824), 20. — Mart., *Consp.* (1835), 169. — Endl., *Gen.*, 932, Ord. 200. — Lindl., *Veg. Kingd.*, 321, Ord. 108. — B. H., *Gen.*, 815 (*Passiflorearum* trib. 5). — *Cariceæ* Turp., in *Dict. sc. nat.*, Atl., II, 2, 212. — *Papayeæ* H. Bn, in *Adansonia*, X, 248, 258.

8. *Samydeæ* Gærtn. F., *Fruct.*, III, 238. — Vent., in *Mém. Inst.* (1807), 143 (part.). — DC., *Prodr.*, II, 47, Ord. 58. — Endl., *Gen.*, 917, Ord. 194. — *Samydaceæ* Lindl.,

Introd., ed. 2, 64 ; *Veg. Kingd.*, 330, Ord. 112. — B. H., *Gen.*, 794, Ord. 71.

9. B. H., *Gen.*, 795 (*Samydacearum* trib. 4). — H. Bn, in *Adansonia*, X, 248. — *Homalineæ* R. Br., *Congo*, 438. — DC., *Prodr.*, II, 53, Ord. 59. — Endl., *Gen.*, 922, Ord. 196. — *Homaliaceæ* Lindl., *Introd.*, ed. 2, 55 ; *Veg. Kingd.*, 742, Ord. 284.

10. H. Bn, in *Adansonia*, X, 249, 258. — *Turneraceæ* H. B. K., *Nov. gen. et spec.*, VI, 123 (*Loasearum* sect. 2). — DC., *Prodr.*, III, 345, Ord. 83. — Endl., *Gen.*, 914, Ord. 193. — Lindl., *Introd.*, ed. 2, 150 ; *Veg. Kingd.*, 347, Ord. 121. — B. H., *Gen.*, 806, Ord. 73.

11. Lindl., *Veg. Kingd.*, 350.

12. Endl., *Gen.*, 1017.

13. *Gen.*, 122, trib. 1. M. Planchon conserve une famille distincte des Cochlospermées (in *Hook. Lond. Journ.*, V, 294 ; in *Ann. sc. nat.*, sér. 4, XVII, 90, Ord. 13), intermédiaire aux Capparidacées et aux Bixacées.

14. *Fam. nat.*, 83. — H. Bn, in *Adansonia*, X, 256.

cent ou indéhiscent, le plus souvent chargé de côtes saillantes, de tuber-
cules ou d'aiguillons. Plantes ligneuses, à feuilles alternes, à stipules
généralement petites. — 2 genres.

II. FLACOURTIÉES. — Fleurs généralement unisexuées, rarement
hermaphrodites, apétales, à réceptacle convexe (et à insertion hypogyne). Anthères généralement courtes, déhiscentes par des fentes
longitudinales. — 7 genres.

III. SAMYDÉES. — Fleurs généralement hermaphrodites, rarement
unisexuées, à pétales nuls ou peu développés, à peu près égaux et analogues aux sépales. Réceptacle plus ou moins patériforme ou cupuliforme (d'où insertion périgynique plus ou moins prononcée des étamines
et du périanthe). Étamines toutes fertiles ou accompagnées de staminodes
interposés ou périphériques. — 15 genres.

IV. LACISTÉMÉES. — Fleurs hermaphrodites, apétales, amentacées,
à une seule étamine fertile. — 1 genre.

V. CALANTICÉES. — Fleurs hermaphrodites, pourvues de pétales
égaux aux sépales ou plus courts, en même nombre ou en nombre
double. Étamines superposées, soit isolément, soit par phalanges, aux
pétales. Gynécée libre, supère. — 3 genres.

VI. HOMALIÉES. — Fleurs hermaphrodites, à pétales et étamines disposés comme dans les Calanticées, mais avec un réceptacle concave, obco-
nique, dans la cavité duquel est inséré l'ovaire. Fruit sec, capsulaire,
« adhérent ». — 2 genres.

VII. PANGIÉES. — Fleurs dioïques, à réceptacle convexe. Sépales
hypogynes, valvaires ou imbriqués. Pétales imbriqués, pourvus en
dedans d'une lame ou d'une plaque glanduleuse, libre ou adhérente dans
une étendue variable de leur face interne. Étamines en nombre défini
ou indéfini. Fruit ordinairement indéhiscent, charnu ou coriace, souvent volumineux, rarement capsulaire et déhiscent au sommet. —
6 genres.

VIII. PAPAYÉES. — Fleurs unisexuées ou polygames, à réceptacle
convexe. Périanthe double. Corolle inappendiculée, dissemblable dans
les deux sexes, tubuleuse inférieurement et gamopétale dans les fleurs
mâles, polypétale dans les fleurs femelles. Androcée diplostémoné, inséré
sur la corolle. Gynécée supère. Fruit charnu. — 1 genre.

IX. TURNÉRÉES. — Fleurs hermaphrodites. Périanthe tubuleux (réceptacle ?). Pétales (rarement appendiculés) insérés à la gorge et périgynes.
Androcée isostémone. Étamines insérées avec les pétales (et périgynes),
ou plus ou moins bas et jusque sous l'ovaire (hypogynes). Ovaire libre,

trimère. Styles distincts, simples ou divisés au sommet. Fruit capsulaire. Graines arillées. — 1 genre.

X. Cochlospermées. — Fleurs hermaphrodites, à réceptacle convexe, dipérianthées. Pétales développés, inappendiculés, tordus. Étamines hypogynes, égales ou inégales, en nombre indéfini. Anthères linéaires, s'ouvrant au sommet par des pores ou des fentes courtes. Gynécée libre, à cloisons plus ou moins incomplètes ou presque complètes. Fruit capsulaire, à exocarpe séparé de l'endocarpe et s'ouvrant en valves alternes avec les siennes. Graines incurvées ou spirales, pilifères, operculées en face du sommet de l'embryon arqué. — 1 genre.

Les quarante genres [1] réunis dans cette famille renferment environ quatre cent cinquante espèces qui appartiennent toutes aux régions les plus chaudes du globe. Elles s'étendent en Afrique jusqu'au cap de Bonne-Espérance, et ne remontent pas en Amérique au delà du Mexique. La famille s'arrête d'ailleurs au Chili, d'une part, et, de l'autre, à la Chine moyenne et au Japon; elle n'est représentée ni en Europe, ni aux États-Unis. Les deux séries des Papayées et des Lacistémées ne sont représentées qu'en Amérique; celles des Calanticées et des Pangiées, dans l'ancien monde seulement. Celui-ci ne possède que cent trente espèces environ de Bixacées; les trois cent vingt autres espèces sont américaines. Il n'y a que des espèces américaines dans les genres *Bixa*, *Peridiscus*, *Lætia*, *Samyda*, *Eucercea*, *Lunania*, *Tetrathylacium*, *Ryania*, *Kuhlia*, *Banara*, *Azara*, *Abatia*. Le genre *Osmelia* est spécial à l'Asie tropicale; l'*Idesia*, au Japon. Les *Dovyalis*, *Trimeria*, *Ludia*, *Aphloia*, *Pyramidocarpus*, *Dissomeria*, *Asteropeia*, *Calantica*, *Byrsanthus*, *Kiggelaria* et *Rawsonia* sont particulier à l'Afrique tropicale ou sous-tropicale, continentale ou insulaire; le *Streptothammus*, à l'Australie. Comme communs aux deux mondes, mais plus abondants toutefois dans le nouveau, nous trouvons les *Oncoba*, *Xylosma*, *Guidonia*, *Homalium*, *Turnera* et *Cochlospermum*. Les *Flacourtia* et les *Scolopia*, propres à l'ancien continent, habitent simultanément l'Asie, l'Australie et l'Afrique.

---

1. Abstraction faite de ceux qui sont douteux, notamment le *Tachibota* Aubl. (*Guian.*, 287, t. 112), rapporté avec doute aux Bixacées par Endlicher (*Gen.*, n. 5084), et que Schreber (*Gen.*, n. 513) avait nommé *Salmasia*, mais qui semble s'écarter de cette famille, suivant MM. Bentham et Hooker (*Gen.*, 124). C'est peut-être une Samydée.

Les caractères communs à toutes les Bixacées ne sont que peu nombreux ; nous ne pouvons citer comme constants, ou à peu près, que la consistance ligneuse des tiges [1], la placentation pariétale, le nombre non défini des ovules, la présence d'un albumen charnu. Par là, les Bixacées se rapprochent singulièrement des Tiliacées et des Ternstrœmiacées, dont les loges ovariennes sont loin d'être constamment complètes ; et comme la préfloraison de leur calice est variable, on peut dire qu'elles représentent à la fois la forme à placentation pariétale des Tiliacées, quand leur calice est valvaire, et des Ternstrœmiacées, quand il est imbriqué. En même temps, les séries à ovaire libre ont des points de contact nombreux avec les Cistacées, très-voisines des Cochlospermées, et n'en différant que par leurs ovules orthotropes ou incomplétement anatropes et leurs graines non arquées ; très-voisines aussi, à ce qu'il nous a semblé [2], des Turnérées, dont elles ont la corolle et la placentation et dont elles ne se séparent que par le mode d'insertion de la corolle. Les Violacées à fleurs régulières, parmi lesquelles les *Tetrathylacium* ont été placés et qui renferment le genre très-voisin *Leonia*, ne se distinguent des Bixacées à fleurs oligandres que par l'insertion des étamines dans les types périgynes, ou par la disposition des pièces de l'androcée dans les types à insertion hypogynique [3]. Les Passifloracées, auxquelles ont été rattachés les *Ryania*, se distinguent des Bixacées par la présence de la couronne d'appendices qui accompagne le périanthe, et c'est pour cela que nous en avons séparé les Papayées, qui manquent de cet organe et dont LINDLEY avait montré l'étroite affinité avec les Pangiées. Quelques Capparidacées, analogues aux Bixacées, s'en séparent nettement par leurs graines dépourvues d'albumen. Nous avons encore [4] fait remarquer les affinités des Bixacées avec certains groupes à carpelles ordinairement distincts et d'ailleurs très-analogues par le reste de leur organisation. Les *Oncoba*, principalement ceux de la section *Mayna*, semblent représenter la forme à placentation pariétale des Magnoliacées auxquelles on les a parfois rapportés. Les *Canella* et les *Erythrospermum* ont été placés tout près des Bixacées ou même parmi elles, parce que ce caractère différentiel dans la placentation n'existe même plus chez elles ; elles n'ont plus, pour les distinguer, que les

---

1. M. OLIVER (*Stem in Dicot.*, 6) a étudié l'organisation du bois dans le *Bixa Orellana*, et y a signalé des rayons médullaires épais et nombreux, le tissu ligneux consistant en cellules allongées, peu épaissies et à extrémités souvent abruptes ; leur masse est traversée par des vaisseaux finement ponctués ou rayés, ordinairement au nombre de deux ou trois dans le sens radial.

2. Voy. *Adansonia*, X, 258.

3. « *Violarieæ* cæt. vald. affin. differ. a *Bixineis* oligandris antheris circa ovar. connivent. connatisve. » (B. H., *Gen.*, 122.)

4. Voy. *Hist. des plantes*, I, 123.

caractères tirés de l'organisation du périanthe et de l'androcée. Les Cochlospermées et les Turnérées semblent être des formes à placentation pariétale des *Wormia* et des *Acrotrema*, et, par l'union de leurs carpelles, être à ces derniers ce que les Cistacées sont aux Hibbertiées, les Monodorées aux Anonacées, les Papavéracées aux Renonculacées, les Nymphæées aux Nélumbées et Cabombées, et les *Berberidopsis* aux autres Berbéridacées.

Le nombre des espèces utiles [1] est peu considérable, et leurs propriétés sont loin d'être uniformes. Le Rocouyer [2] (fig. 288–296) est surtout célèbre comme plante tinctoriale. Ses graines, écrasées et délayées dans l'eau chaude, abandonnent à celle-ci la matière colorante que renferme leur tégument superficiel, et forment avec elle un marc qui fermente et qu'on dessèche en pains ou en pâte. On en colore les étoffes, la cire, le beurre, le chocolat; les Caraïbes s'en teignaient autrefois la peau. C'est aussi une substance purgative; on la préconise contre la dysenterie des pays chauds [3]. Les *Cochlospermum* contiennent aussi de la matière colorante jaune ou rouge; elle est renfermée dans la tunique molle, intérieure au testa, de leurs graines; et, dans le *C. tinctorium* [4] du Sénégal, elle réside dans la souche, qui passe aussi pour un médicament emménagogue. Au Brésil, le *C. insigne* [5] se prescrivait dans les cas de douleurs internes, consécutives aux coups et aux chutes; on l'employait aussi comme maturatif des abcès. Dans l'Inde, le *C. Gossypium* [6] (fig. 343) passe pour produire la gomme *Kuteera*, appelée aussi à tort G. de Bassora, analogue à la G. adraganthe, mais se convertissant, au contact de l'eau, en une « gelée transparente dont les parties n'ont aucune liaison

1. Endl., *Enchirid.*, 477, 479. — Lindl., *Veg. Kingd.*, 228, 331; *Fl. med.*, 101, 111. — Rosenth., *Syn. pl. diaphor.*, 662, 1143.

2. *Bixa Orellana* L., *Spec.*, 730. — DC., *Prodr.*, I, 259, n. 1. — *Bot. Mag.*, t. 1456. — Guib., *Drog. simpl.*, éd. 6, III, 668, fig. 751. — Rév., in *Fl. méd. du* XIXᵉ *siècle*, III, 224, t. 22. — Tr., in *Bull. Soc. bot. de Fr.*, V, 366. — *B. americana* Poir., *Dict.*, VI, 229 (vulg. *Urucu, Orleans, Arnotto;* en Colombie, *Onoto, Achote*).

3. La graine renferme de la bixine et de l'orelline (Chevreul). Les *Bixa Urucurana* W. (*Enum.*, 565), du Brésil, et *sphærocarpa* Tr. (*loc. cit.*, 369), de la Colombie, passent pour avoir les mêmes propriétés.

4. Rich., Guillem. et Perr., *Fl. Sen. Tent.*, I, 99, t. 21. — Oliv., *Fl. trop. Afr.*, I, 113, — *C. Planchoni* Hook. f., *Niger*, 268 (vulg. *Fayar*).

5. A. S. H., *Pl. us. Bras*, n. 57. — Lindl., *Bot. med.*, 119. — Rosenth., *op. cit.*, 737. — *Wittelsbachia insignis* Mart. et Zucc., *Nov. gen. et spec.*, I, 81, t. 55. — *Maximiliana regia* Mart., in *Flora* (1819), 452 (vulg. *Butua do curvo*).

6. DC., *Prodr.*, I, 527, n. 1. — Wight et Arn., *Prodr.*, I, 87. — Wight, in Hook. *Bot. Misc.*, II, 357, t. 18. — *Bombax Gossypium* L., *Syst.*, 517. — Cav., *Diss.*, V, 297, t. 157. Sonner., *Voy. aux Ind. or. et à la Chine*, II (1782), t. 133. — Roxb., *Fl. ind.*, II, 169. — *B. Congo* Burm., *Ind.*, 145. — *Xylon* L., *Fl. zeyl.*, 99, n. 222 (ex Pl.).

entre elles » [1]. Dans les Papayers, le suc propre laiteux qui se rencontre dans la plupart des organes a des propriétés bien plus actives. Le fruit des diverses variétés cultivées du *Papaya Carica* [2] (fig. 332-336) est alimentaire. Cru, il plaît peu à la plupart des Européens, qui le mangent volontiers cuit et accommodé de diverses manières. Aux colonies, on le confit parfois dans du sucre. Mais avant sa maturité, il est gorgé de ce lait irritant qu'un hasard, dit-on, a fait reconnaître, à l'île Bourbon, comme un puissant vermifuge. Son usage interne guérit, assure-t-on, du ténia et de la plupart des autres helminthes intestinaux. Il est amer, sans âcreté, et si riche en substances albuminoïdes, que VAUQUELIN [3] le compare à du sang dépouillé de matière colorante. Les graines pulvérisées ont aussi des qualités vermicides ; ce qui s'expliquerait peut-être par ce fait qu'elles contiennent le même suc laiteux que les autres organes. On assure que quelques gouttes de ce latex dans l'eau donnent à celle-ci la propriété d'attendrir rapidement la viande trop fraîche ou celle des animaux trop âgés, et qu'on obtient le même résultat en laissant la chair enveloppée pendant une nuit dans une feuille de Papayer. WIGHT a remarqué que les graines mâchées ont la saveur piquante de la Capucine ; la racine a l'odeur des radis altérés. Les nègres font des gouttières avec la tige pour recevoir les eaux pluviales, et ils emploient les feuilles à savonner le linge. La pulpe du fruit mûr, employée comme cosmétique, passe pour enlever les taches dues à l'insolation. Aux Moluques, on prépare des compotes avec les fleurs mâles. Une autre espèce du même genre, le *P. digitata* [4], du Brésil boréal, est considérée comme un poison mortel, aussi terrible, dit-on, que l'*Upas* des Javanais. Son latex brûle la peau avec laquelle il se trouve en contact et y produit des phlyctènes. Les fleurs mâles ont une odeur excrémentitielle repoussante. Le fruit est inodore, insipide ; mais la plupart des animaux s'abstiennent d'y toucher. On énumère, au contraire, comme comestibles, les fruits des *Papaya cauliflora* [5], *dodeca-*

1. GUIB., *Drog. simpl.*, éd. 6, III, 452, 628.

2. GÆRTN., *Fruct.*, II (1791), t. 122.—*P. vulgaris* DC., in *Lamk Dict.*, V (1804), 2.—DESC., *Fl. méd. Ant.*, I, t. 47, 48. — A. DC., *Prodr.*, XV, sect. I, 414, n. 1. — *P. sativa* TUSS., *Fl. ant.*, III, 45, t. 10, 11. — *P. orientalis* COL., in *Hern. Thes.*, 870, ic. — *Papaya* RUMPH., *Herb. amboin.*, I, t. 50. — HUGH., *Barbad.*, t. 14, 15. — *Carica Papaya* L., *Spec.*, 1466 (part.). — WIGHT, *Ill.*, t. 106, 107. — LINDL., in *Bot. Reg.*, t. 459 ; *Fl. méd.*, 107 ; *Veg. Kingd.*, 324, fig. 221, 222. — HOOK., in *Bot. Mag.*, t. 2898, 2899. — ROXB., *Fl. ind.*, III,

824. — GUIB., *Drog. simpl.*, éd. 6, III, 268, fig. 639.— ENDL., *Enchirid.*, 487. — ROSENTH., *op. cit.*, 669 (vulg. *Papaw*, *Arbre à melons*, aux Antilles). Le nom spécifique de GÆRTNER a pour lui la priorité.

3. In *Ann. chim.*, XLIII, 271.

4. *Carica digitata* POEPP. et ENDL., *Nov. gen. et spec.*, II, 260. — *Jacaratia spinosa*, var. *digitata* A. DC., *Prodr.*, *loc. cit.*, 419, n. 1 (vulg. *Chamburu*).

5. POIR., *Dict.*, Suppl., IV, 296. — *Carica cauliflora* JACQ., *Hort. schœnbr.*, III, 33, t. 311. — *Vasconcellea cauliflora* A. DC., *Prodr.*, *loc. cit.*, 415, n. 1.

phylla [1], *Mamaya*, *microcarpa* [2], *nana* [3] et *pyriformis* [4]. Le *P. querci-folia* [5] (fig. 337, 338) est le *Jacamatchiha* des Indiens Guaranis. Le fruit est aussi comestible dans plusieurs *Oncoba* ; on mange la pulpe intérieure de celui de l'*O. spinosa* [6]. Dans les *Flacourtia*, la baie entière est char-nue et mangeable, notamment dans les *F. sapida* [7], *sepiaria* [8], *inermis* [9] et dans le *F. Ramontchi* [10], ou Prunier de Madagascar. La racine du *F. sepiaria* passe pour alexipharmaque dans l'Inde, et, dans le même pays, on mange comme toniques, stomachiques et astringentes les jeunes pousses du *F. Cataphracta* [11] (fig. 297–300). Les *Lætia apetala* et *resinosa* sont considérés aux Antilles comme purgatifs et donnent une sorte de sandaraque qui jouit de propriétés drastiques [12]. A Maurice, l'*Aphloia theiformis* [13] a une écorce qui sert aux mêmes usages que l'ipécacuanha. Les Acomas, notamment l'*Homalium racemosum* [14] (fig. 322, 323), ont une racine astringente qui sert, à la Guyane, comme antigonorrhéique. Le *Turnera opifera* MART. est aussi un astrin-gent; on le prescrit au Brésil contre les dyspepsies. Les *T. ulmifolia* L. et *angustifolia* CURT. [15] s'emploient en Amérique comme toniques, expec-torants. Les Samydées sont souvent aussi usitées, dans ce pays, comme astringentes : principalement au Para, le *Guidonia adstringens* [16], qui

1. *Carica dodecaphylla* VELL., *Fl. flum.*, X, t. 132. — *Jacaratia dodecaphylla* A. DC., *Prodr.*, 420, n. 3.

2. POIR., *Dict.*, Suppl., IV, 296. — *Carica microcarpa* JACQ., *Hort. schœnbr.*, III, t. 309, 310.— *Vasconcellea microcarpa* A. DC., *Prodr.*, 418, n. 13.

3. A. DC., *Prodr.*, 415, n. 3. — *Carica nana* BENTH., *Pl. Hartweg.*, 288.

4. *Carica pyriformis* HOOK. et ARN., in *Bot. Misc.*, III, 325 (nec W.). — C. GAY, *Fl. chil.*, II, 413, t. 25. — *Vasconcella chilensis* PL., in *Ann. sc. nat.*, sér. 4, II, 259.

5. *Vasconcella quercifolia* A. S. H., *Deux. Mém. Réséd.*, 12. — A. DC., *Prodr.*, 416, n. 5 (vulg. *Umbuzeiro* à Rio-Grande do Sul).

6. FORSK., *Ægypt.-arab.*, 103.—LAMK, *Ill.*, t. 471.— A. RICH., *Fl. Sen. Tent.*, I, 32, t. 10. — OLIV., *Fl. trop. Afr.*, 1, 115. — *O. mona-cantha* STEUD. — *Lundia monacantha* SCHUM. et THONN., *Beskr.*, 231.

7. ROXB., *Pl. corom.*, I, 49, t. 69 ; *Fl. ind.*, III, 834. — DC., *Prodr.*, I, 256, n. 2. — WIGHT et ARN., *Prodr.*, 29. — BL., *Bijdr.*, I, 55. — CLOS, in *Ann. sc. nat.*, sér. 4, VII, n. 7.

8. ROXB., *loc. cit.*, 48, t. 68.— DC., *Prodr.*, n. 4. — CLOS, *loc. cit.*, n. 6.

9. ROXB., *op. cit.*, III, 16 ; *Fl. ind.*, III, 834. — JACK, in *Hook. Bot. Misc.*, I, 289. — DC., *Prodr.*, n. 2. — MOON, *Cat. pl. Ceyl.*, 70. — CLOS, *loc. cit.*, 216.

10. LHÉR., *Stirp.*, 59, t. 30, 31. — LAMK, *Ill.*, t. 826. — DC., *Prodr.*, n. 1. — CLOS, *loc. cit.*, n. 8. — OLIV., *Fl. trop. Afr.*, I, 120. — *Stigmarota africana* LOUR., *Fl. cochinch.* (ed. 1790), 634. — *Alamoton* FLAC., *Hist. madag.*, 124.

11. ROXB., ex W., *Spec.*, IV, 830 ; *Fl. ind.*, III, 834.—DC., *Prodr.*, n. 5. — CLOS, *loc. cit.*, 216, n. 2. — *Stigmarota Jangomas* LOUR., *loc. cit.* — *Roumea Jangomas* SPRENG., *Syst.*, II, 632.

12. Le *Xylosma orbiculatum* FORST., ou *My-roxylon orbiculatum* FORST. (*Char. gen.*, 63), doit son nom à son odeur balsamique, assez agréable, assure-t-on.

13. BENN., *Pl. jav. rar.*, 192. — *Neumannia theæformis* A. RICH., *Fl. cub.*, 96, not. — CLOS, in *Ann. sc. nat.*, sér. 4, VIII, 271, 273. — H. BN, in *Dict. encycl. sc. méd.*, V, 644. — *Prockia theæformis* W., *Spec.*, II, 1214. — DC., *Prodr.*, I, 261, n. 5.—*Ludia heterophylla* BORY, *Voy.*, II, 115, t. 24.

14. JACQ., *Amer.*, 170, t. 183, fig. 72. — SW., *Fl. ind. occ.*, 989, t. 17. — LAMK, *Ill.*, t. 483, fig. 2. — DC., *Prodr.*, II, 53, n. 1. — TURP., in *Dict. sc. nat.*, Atl., t. 244. — RO-SENTH., *op. cit.*, 666. — ? *Racoubea guianensis* AUBL., *Guian.*, II, 590, t. 236.

15. ROSENTH., *op. cit.*, 662.

16. *Casearia adstringens* MART., ex RO-SENTH., *op. cit.*, 663.

sert à cicatriser les ulcères, et est en outre d'une certaine âcreté ; à la
Guyane, le *G. ovata* [1], dont l'écorce est amère, dont les feuilles servent
à préparer des bains administrés contre les rhumatismes, et dont les
fruits passent pour diurétiques ; dans le Brésil central, le *G. ulmifolia* [2],
qui s'applique sur les blessures, sert au traitement des morsures des
serpents et s'emploie à l'intérieur contre les maux de cœur ; le *G. Lingua* [3], qui a la réputation de guérir les fièvres malignes et les inflammations
internes ; dans l'Inde, le *G. esculenta* [4], des monts Circars, qui a une
racine amère, purgative et des feuilles comestibles. Les Pangiées, si
voisines des Papayers par leur organisation, s'en rapprochent aussi par leurs
propriétés. Le *P. edule* [5] (fig. 327-329), spontané à Java, se cultive dans les
Moluques et dans tout l'archipel Indien. Son suc renfermerait, d'après
BLUME [6], un alcaloïde analogue à la ménispermine, et la plante contient
encore une matière extractive et visqueuse. Toutes ses parties sont considérées à Java comme anthelminthiques. L'écorce, les feuilles, le fruit et
les graines sont narcotiques ; toutes ces parties produisent chez l'homme de
la céphalalgie, de la somnolence, des nausées et une sorte d'ivresse et de
démence qui peut se terminer par la mort. La plante sert à empoisonner les
poissons ; on jette à cet effet l'écorce dans les cours d'eau. Le bétail qui
mange les feuilles meurt le plus souvent. On emploie le suc extrait des
feuilles au traitement des affections cutanées chroniques. Les graines,
divisées ou broyées, sont, à Amboine, traitées par l'eau froide, où une
macération prolongée leur enlève leurs qualités nuisibles. On peut alors
manger l'amande et en extraire une grande quantité d'huile qui sert
à faire des fritures et à préparer certains aliments. Néanmoins elle purge
les personnes qui n'ont pas l'habitude de s'en servir. Les autres Pangiées
ont des propriétés analogues. L'*Hydnocarpus venenata* [7] a un fruit très-
dangereux, très-toxique, qui tue l'homme et qui sert aussi à Ceylan
à empoisonner les rivières. Mais le poisson qu'on se procure de la sorte
peut causer à l'homme des accidents terribles. Le *Trichadenia zeylanica* [8]

1. *Anavinga ovata* LAMK, *Dict.*, I, 148. —
Anavinga RHEED., *Hort. malab.*, IV, t. 49. —
Casearia ovata W., *Spec.*, II (1799), 629. —
DC., *Prodr.*, III, 49, n. 5. — *C. Anavinga*
PERS., *Syn.*, I, 485 (1805). — ROSENTH., *op.
cit.*, 663.

2. *Casearia ulmifolia* VAHL (ex VENT., *Ch.
de pl.*, n. 47, not.). — DC., *Prodr.*, n. 13. —
A. S. H., *Fl. Bras. mer.*, II, 233. — LINDL.,
Fl. med., 101 (vulg. *Marmeleiro do mato*).

3. MART., ex A. S. H., *loc. cit.*, 236 (vulg.
Cha de frade, Lingua de fin).

4. *Casearia esculenta* ROXB., *Cat. Hort.
calc.*, 99. — LINDL., *Veg. Kindg.*, 331 (vulg.
Garugoodoo).

5. Voy. p. 282, note 1.

6. *Rumphia*, IV, 19. — LINDL., *Veg. Kingd.*,
323. — ROSENTH., *op. cit.*, 665 (vulg. *Pangi*).

7. GÆRTN., *Fruct.*, I, 288, t. 60, fig. 3
(1788). — ENDL., *Enchirid.*, 480. — LINDL.,
Veg. Kingd., 323 ; *Fl. med.*, 109. — ROSENTH.,
op. cit., 665. — ? *H. inebrians* VAHL, *Symb.*,
III (1794), 100. — DC., *Prodr.*, I, 257.

8. THW., *Enum. pl. Zeyl.*, 19.

sert à traiter les affections cutanées des enfants. Le *Gynocardia odorata* [1] est aussi dans l'Inde employé contre les maladies chroniques de la peau ; on se sert à cet effet des graines, qui, dépouillées de leurs téguments et broyées avec du beurre, s'appliquent topiquement, trois fois par jour, sur les parties malades. L'huile extraite des graines est vomitive ; elle sert au traitement des affections herpétiques, syphilitiques et scrofuleuses. Quelques Bixacées fournissent un bois utile : au Chili, l'*Azara microphylla* [2], qui donne, dit-on, le *bois de Chinchin* ; à Java, le *Pangium edule*, dont les tiges sont très-dures ; en Amérique, le Rocouyer, dont les bûches servent au chauffage et au charronnage, comme à la Guyane et aux Antilles celles des *Homalium*.

---

1. Voy. p. 318, note 1. — LINDL., *Veg. Kingd.*, 323 ; *Fl. med.*, 109 (vulg. *Chaulmoogra*, *Petarkura*).

2. PHIL., ex ROSENTH., *op. cit.*, 664. D'après M. C. GAY (*Fl. chil.*, 1, 192), les *Azara* chiliens ont des fleurs parfumées, d'où leur nom vulgaire de *Aromo*, et sont propres à l'ornementation ; plusieurs espèces sont cultivées dans nos serres. La plupart s'appellent encore *Liben*, et ont un bois d'assez mauvaise qualité.

GENERA

I. BIXEÆ.

1. **Bixa** L. — Flores hermaphroditi regulares ; receptaculo breviter convexo. Sepala 5, imbricata petalaque totidem alterna contorto-imbricata, decidua. Stamina ∞ ; filamentis sub gynæceo insertis, liberis v. ima basi polyadelphis; antheris extrorsis, 2-locularibus, ad medium induplicatis ibidemque rimis brevibus (spurie terminalibus) dehiscentibus. Germen liberum , 1-loculare ; stylo elongato, in alabastro recurvo, tubuloso, apice stigmatoso obtusissime 2-crenato ; placentis parietalibus 2, lateralibus, parum prominulis; ovulis in singulis ∞ , 2-∞ – seriatim adscendentibus, anatropis ; micropyle extrorsum laterali inferaque. Fructus capsularis, dense echinato-setosus v. rarius glaber, lateraliter 2-valvis; valvis crassis medio intus seminiferis; endocarpio solubili. Semina ∞ , obovoidea ; funiculo apice in arillum parvum 2-lobum dilatato; integumento externo subcarnoso suberoso-granulato ; chalaza orbiculari, demum depressa ; albumine carnoso ; embryonis axilis cotyledonibus foliaceis latis, sæpe incurvis. — **Arbusculæ** (succo luteo v. rubro scatentes); foliis alternis petiolatis digitinerviis; stipulis 2, lateralibus, caducis; floribus in racemos terminales compositos cymiferos dispositis; pedicellis sub calyce sæpe 5-glandulosis. (*America trop.*) — *Vid. p.* 265.

2. **Oncoba** Forsk. [1] — Flores polygami, monœci v. diœci. Sepala

1. *Fl. æg.-arab.*, 103 (1775). — J., *Gen.*, 292. — Poir., *Dict.*, VI, 210 ; *Ill.*, t. 471. — Spach, *Suit. à Buffon*, VI, 115. — Endl., *Gen.*, n. 5067. — Pl., in *Hook. Lond. Journ.*, V, 295. — Payer, *Fam. nat.*, 111. — Benth., in *Journ. Linn. Soc.*, V, Suppl., 80. — B. H., *Gen.*, 125, 971, n. 4. — Oliv., in *Journ. Linn. Soc.*, IX, 172. — H. Bn, in *Adansonia*, X, 249. — *Lundia* Schum. et Thönn., *Beskr.*, 231 (nec DC., nec Puer.). — *Heptaca* Lour., *Fl. coch.*, ed. ulyssip. (1790), 657. — *Ventenatia* Pal. Beauv., *Fl. ow. et ben.*, I, 29, t. 17 (nec Sm.). — Cambess., in *Mém. Mus.*, XVI, 409. — Endl., *Gen.*, n. 5402. — *Xylotheca* Hochst., in *Flora* (1843), 69. — *Chlanis* Kl., in *Pet. Mossamb.*, *Bot.*, 144.

3-5, et petala totidem, v. 4-10, majora, esquamata; omnia in præfloratione valde imbricata. Stamina ∞ , receptaculo plus minus incrassato
inserta ; filamentis liberis ; antheris linearibus, rarius oblongis v. abbreviatis, apice muticis v. connectivo plus minus producto apiculatis;
loculis extrorsum longitudinaliter rimosis. Germen liberum, 1-loculare ;
placentis parietalibus 2-10, ∞ – ovulatis ; stylo simplici, apice stigmatoso. haud v. vix incrassato subintegro, v. brevissime denticulato
(*Mayna* [1]), nunc lobulato v. lobis validioribus adscendentibus v. radiatis,
discretis v. peltatim coalitis; 2-7-fido; laciniis integris v. plus minus
laciniatis (*Carpotroche* [2]), rarius valde ramosis (*Dendrostylis* [3]). Fructus
subbaccatus, plus minus coriaceus v. demum lignosus, lævis (*Euoncoba*),
sulcatus v. costis elevatis notatus, nunc echinatus, tuberculatus v. muri-
catus (*Mayna*), rarius longitudinaliter ∞ – alatus; alis tuberculatis
(*Carpotroche*), nunc submembranaceis cristatis (*Grandidiera* [4]); peri-
carpio rarius extus valde echinato (*Dendrostylis*), sæpius indehiscente,
nunc ægre v. valvatim dehiscente. Semina ∞ , forma varia; testa
crustacea, nunc extus plus minus pulposa ; albumine carnoso; embryonis (nunc colorati) recti v. incurvi cotyledonibus subovatis foliaceis.
— Arbores v. frutices, inermes v. spinis axillaribus armati , glabri
v. pubescentes; foliis alternis, integris, crenatis v. serratis ; stipulis
linearibus, parvis v. 0 ; floribus [5] solitariis, terminalibus v. axillaribus,
nunc in racemos axillares dispositis, rarius in ligno trunci v. ramorum
annotinorum lateralibus. (*Orbis tot. reg. trop.* [6])

II. FLACOURTIEÆ.

3. Flacourtia COMMERS. — Flores diœci v. polygami apetali; sepalis
4, 5, sæpe squamiformibus ciliatis, valde imbricatis, nunc in flore

1. AUBL., *Guian.* (1775), 921, t. 352 (nec
RADD.). —J., *Gen.*, 281. — LAMK, *Ill.*, t. 491.
DC., *Prodr.*, I, 79. — ENDL., *Gen.*, n. 4734.—
BENTH., in *Journ. Linn. Soc.*, V, Suppl., 80. —
OLIV., in *Journ. Linn. Soc.*, IX, 172. — *Lin-
dackeria* PRESL, *Rel. Hænk.*, II, 89, t. 65. —
ENDL., *Gen.*, n. 5064.
2. ENDL., *Gen.*, n. 5066. — *Mayna* RADD.,
Pl. nov. bras., 23 (nec AUBL.).
3. KARST. et TR., in *Linnæa*, XXVIII, 431.
— BENTH., in *Journ. Linn. Soc.*, V, Suppl., 82.
— B. H., *Gen.*, 125, n. 7.
4. JAUB., in *Bull. Soc. bot. de Fr.*, XIII,
467.— OLIV., *Fl. trop. Afr.*, I, 119. — H. BN,
in *Adansonia*, X, 250.

5. Magnis speciosis, v. mediocribus, rarius
parvis, sæpe albidis v. flavidis.
6. Spec. ad 25, quar. amer. 15. POEPP. et
ENDL., *Nov. gen. et spec.*, III, 63, t. 270 (*Lindackeria*), 64, t. 271 (*Mayna*). — CLOS, in *Ann.
sc. nat.*, sér. 4, VIII, 262 (*Mayna*). — HARV.
et SOND., *Fl. cap.*, I, 66. —GUILLEM. et PERR.,
Fl. Sen. Tent., I, t. 10. — SIEB. et ZUCC., *Pl.
nov. fasc.*, II, t. 5 (*Mayna*).— A. GRAY, *Amer.
expl. Exp., Bot.*, I, 72 (*Carpotroche*).— OLIV.,
Fl. trop. Afr., I, 114. — KARST., *Fl. columb.*,
II, p. 11, t. 106 (*Lindackeria*).— TR. et PL., in
Ann. sc. nat., sér. 4, XVII, 94 (*Mayna*), 95 (*Dendrostylis*). — WALP., *Ann.*, VII, 223 (*Chlænis,
Mayna*), 224 (*Dendrostylis*).

fœmineo minimis v. distantibus bracteiformibus. Discus glandulosus annularis plus minus crassus, integer v. 4, 5-lobus. Stamina ∞ (in flore fœmineo 0, v. sterilia), intra discum receptaculo plus minus depresso inserta; filamentis liberis; antheris extrorsis, 2-locularibus, mox versatilibus, rimosis. Germen (in flore masculo rudimentarium v. sæpius 0) liberum, spurie 2-∞ -loculare; stylis 2-∞, discretis v. basi plus minus alte connatis, apice stigmatoso retusis v. 2-lobis; ovulis ad angulum internum loculorum 2-∞, descendentibus; micropyle extrorsum supera. Fructus drupaceus; endocarpio in putamina 2-∞, semina segregantia, indurato. Semina sæpius obovoidea; testa subcoriacea; embryonis albuminosi cotyledonibus suborbiculatis. — Arbores v. frutices, sæpe spinescentes; foliis alternis, dentatis v. serratis; petiolo basi articulato; stipulis 2, minimis; floribus parvis in racemulos v. glomerulos axillares terminalesque, simplices v. compositos, nunc subumbellatos, dispositis. (*Asia, Africa et Australia calid.*) — *Vid. p.* 268.

4. **Xylosma** Forst. [1] — Flores (fere *Flacourtiæ*) diœci v. nunc polygami; receptaculo breviter conico. Sepala 4–6, nunc squamiformia, sæpe ciliata, imbricata. Discus calyci interior glanduloso-carnosus inæquilobatus. Stamina ∞, nunc pauca, disco interiora; filamentis liberis, sæpius demum exsertis; antheris extrorsis, demum sæpe versatilibus; loculis longitudinaliter rimosis. Germen (in flore masculo 0) disco interius liberum (staminodiis paucis rarissime cinctum), 1-loculare; stylo subintegro v. plus minus alte in ramos 2-6, apice dilatato stigmatosos, diviso; placentis parietalibus 2-6, cum styli ramis alternantibus, ovulis in placentis singulis 1, 2, v. paucis, aut adscendentibus omnibus; micropyle (obturata) introrsum inferiore; aut superioribus 1, 2, descendentibus. Bacca parva, indehiscens; seminibus 1, 2, v. paucis; testa crustacea; embryonis albuminosi cotyledonibus latis. — Arbores v. frutices[2], sæpe spinescentes; foliis alternis, dentatis v. rarius integris, basi articulatis; stipulis parvis; floribus [3] in ligno v. ad axillas glomeratis v. in racemos breves cymiferos dispositis; pedicello gracili, nunc articulato [4]. (*Orb. tot. reg. trop. et subtrop.*[5])

1. *Prodr.*, 72. — Lamk, *Ill.*, t. 827. — Poir., *Dict.*, VIII, 817. — Endl., *Gen.*, n. 5081 [1]. — Clos, in *Ann. sc. nat.*, sér. 4, VIII, 127. — Benth., in *Journ. Linn. Soc.*, V, Suppl., 86. — B. H., *Gen.*, 128, n. 19. — *Myroxylon* Forst., *Char. gen.*, 125, t. 63 (nec L. F.). — *Hisingera* Hellen., in *Act. holm.* (1792), 32, t. 2. — Endl., *Gen.*, n. 5815. — Clos, *loc. cit.*, 220. — *Bessera* Spreng., *Pl.* pugill., II, 90 (ex Endl.). — *Roumea* Poit., in *Mém. Mus.*, I, 62, t. 4. — *Cræpaloprumnon* Karst., *Pl. Fl. columb.*, 123, t. 161, 162.

2. Ligno nunc odorato.

3. Parvis; filamentis nunc purpureis.

4. De plantar. in hort. falsa parthenogenesi, cfr. *Adansonia*, V, 63.

5. Spec. ad 25. H. B. K., *Nov. gen. et spec.*, VII, t. 654 (*Flacourtia*). — Poit., in *Mém.*

5. Dovyalis E. MEY. [1] — Flores diœci apetali, 4-8-meri. Sepala valvata v. vix imbricata, sæpius crassa. Stamina ∞ ; receptaculo plus minus depresso, nunc subcupulato, plus minus inter insertionem in glandulas integras v. 2-lobas producto ; filamentis liberis ; antheris extrorsis, 2-locularibus, 2-rimosis. Germen (in flore masculo 0) basi disco inæquilobato cinctum [2] liberum, 1-loculare ; placentis parietalibus 2-5 ; stylis totidem, apice plus minus dilatato stigmatosis ; ovulis in placentis singulis 1, v. raro 2 (*Eudovyalis*), sæpius 2-6 (*Aberia* [3]), descendentibus ; micropyle introrsum supera. Bacca oligosperma, intus pulposa. Semina extus glabra v. sæpius villosa ; testa coriacea ; embryonis albuminosi cotyledonibus latis. — Arbores v. frutices, nunc spinescentes ; foliis alternis, basi articulatis, integris v. crenatis, penninerviis v. sub-3-penninerviis ; stipulis minimis v. 0 ; floribus axillaribus v. terminalibus ; fœmineis solitariis v. paucissimis cymosis ; masculis paucis breviter racemoso-cymosis. (*Africa austr. et or.*, *Zeylania* [4].)

6. Trimeria HARV. [5] — Flores diœci, 4, 5-meri v. sæpius 3-meri ; sepalis vix imbricatis petalisque totidem alternis, majoribus, imbricatis. Glandulæ 3-5, alternipetalæ, staminibus ∞ , sæpe paucis, exteriores ; filamentis liberis, demum exsertis ; antheris extrorsis brevibus, rimosis. Stamina in flore fœmineo 0. Germen liberum (in flore masculo sæpe minutum effœtum), 1-loculare ; stylis 3, apice stigmatoso obtusis ; placentis totidem parietalibus ; ovulis in placentis singulis 1, 2, descendentibus ; micropyle introrsum supera. Capsula 3-valvis ; valvis medio seminiferis. — Arbores v. frutices ; foliis alternis serratis, basi 3-∞ -nerviis ; floribus parvis in spicas v. racemos axillares bractearum singularum solitariis, 1-bracteolatis, 2-nis v. ∞ , glomeratis. (*America austr.* [6])

7. Peridiscus BENTH. [7] — Flores hermaphroditi apetali ; sepalis 4, 5,

Mus., I, 62, t. 4 (*Roumea*). — SIEB. et ZUCC., *Fl. jap.*, t. 88 (*Hisingera*). — MIQ., *Fl. ind.-bat.*, I, p. II, 105. — A. GRAY, *Amer. expl. Exp.*, *Bot.*, I, 76. — WALP., *Ann.*, IV, 108 ; VII, 229, 230 (*Hisingera, Crœpaloprumnon*).

1. EX ARN., in *Hook. Journ.*, III (1841), 251. — CLOS, in *Ann. sc. nat.*, sér. 4, VIII, 233. — B. H., *Gen.*, 128, n. 20. — H. BN, in *Adansonia*, X, 254.

2. Staminodia nunc hypogyna 1-∞ , aut sterilia (H. BN, in *Adansonia*, V, 62), aut nunc, ut videtur, fertilia ; plantæ unde sine concubitu semina fertilia dederint (T. ANDERSON, in *Journ. Linn. Soc.*, VII, 67). Hic verisimil. parthenogenesis, ut in *Xylosmate*, falsa.

3. HOCHST., in *Flora* (1844), *Beil.*, 2. —

CLOS, in *Ann. sc. nat.*, sér. 4, VIII, 235. — B. H., *Gen.*, 128, n. 21.

4. Spec. ad 7, quar. afric. 6. A. RICH., *Fl. abyss. Tent.*, I, t. 8 (*Roumea*). — HARV. et SOND., *Fl. cap.*, I, 69, 70 (*Aberia*). — TUL. in *Ann. sc. nat.*, sér. 5, IX, 339. — WALP., *Ann.*, II, 62 ; VII, 231.

5. *Gen. of S.-Afric. pl.*, 417. — ENDL., *Gen.*, n. 5089 [1]. — B. H., *Gen.*, 129, n. 22. — *Monospora* HOCHST., in *Flora* (1844), *Beil.*, 3. — ENDL., *Gen.*, n. 5789 [1], 5092 [2]. — *Renardia* TURCZ., in *Bull. Mosc.* (1858), I, 466.

6. Spec. 2. HOOK., *Icon.*, t. 481 (*Antidesma*). — HARV. et SOND., *Fl. cap.*, I, 68. — WALP., *Rep.*, V, 47 (*Monospora*) ; *Ann.*, VII, 232.

7. *Gen.*, 127, n. 13.

inæqualibus, subvalvatis, demum patenti-reflexis. Stamina ∞ , hypogyna circa basin disci inserta ; filamentis ejus sulcis infra adpressis , apice incurvis, demum patentibus ; exterioribus nunc crassioribus ; antheris suborbiculatis introrsis, ad marginem rimosis. Germen orbiculari-depressum, 1-loculare, circumcirca fere ad medium in discum annularem verticaliter sulcatum incrassatum ; stylis 3, 4, brevibus distinctis, ad apicem attenuatis ; ovulis 6-8, ad apicem loculi insertis pendulis ; micropyle extrorsum supera. « Fructus junior obovoideus carnosus. » — Arbor excelsa ; foliis amplis integerrimis coriaceis lucidis ; floribus parvis in racemos simplices, nunc umbelluliformes, ad nodos vetustos ramulorum fasciculatos, dispositis. (*Brasilia bor.* [1])

8. **Lætia** LOEFL. [2] — Flores hermaphroditi apetali ; receptaculo latiusculo. Sepala 4, 5, late subpetaloidea, valde imbricata, demum sæpe reflexa. Stamina 10-15 (*Casinga* [3]), v. plerumque ∞ , disco eglanduloso hypogyne, v. exteriora subperigyne inserta ; filamentis liberis ; antheris introrsis brevibus v. ovoideis. Germen liberum, 1-loculare ; stylo simplici, apice stigmatoso capitato, nunc late sessili (*Thiodia* [4]) v. breviter 3-lobo. Bacca tarde 3-valvis, intus sæpe resinoso-pulposa ; seminibus extus pulposis, nunc arillatis ; testa coriacea ; embryonis albuminosi recti cotyledonibus latis foliaceis v. crassiusculis. — Arbusculæ ; foliis alternis , serratis v. crenatis pellucido-punctatis , rarius coriaceis epunctatis (*Scypholætia* [5]) ; floribus axillaribus v. terminalibus, glomeratis v. cymosis subcorymbosis ; bracteolis parvis, nunc (*Scypholætia*) majoribus crassis in involucellum subintegrum v. crenatum calyciformemque connatis. (*America trop.* [6])

9? **Idesia** MAXIM. [7] — Flores diœci apetali ; receptaculo late depresso. Sepala 3-6, inæqualia tomentosa, imbricata, decidua. Stamina ∞ , libera, ∞ -seriata subperigyna ; receptaculo inter filamentorum

---

1. Spec. 1. *P. lucidus* BENTH., *loc. cit.*, « ad Venezuelæ limites crescens ».

2. *It.*, 252. — L., *Gen.*, n. 661 (part.). — DC., *Prodr.*, I, 260. — ENDL., *Gen.*, n. 5071 (part.). — CLOS, in *Ann. sc. nat.*, sér. 4, VIII, 241.— BENTH., in *Journ. Linn. Soc.*, V, Suppl., 82. — B. H , *Gen.*, 126, n. 9. — *Thamnia* P. BR., *Jam.*, 245, t. 25. — *Helwingia* ADANS., *Fam. des pl.*, II, 167 (nec W.).

3. GRISEB., *Erl. Fl. trop. amer.*, 27, 29.

4. BENN., *Pl. jav. rar.*, 192 (not.). — *Lightfootia* SW., *Prodr.*, 83 (nec LHÉR.).

5. Sect. typ. sunt spec. 2, scil. *L. cupulata*

SPRUCE et *E. coriacea* SPRUCE (ex BENTH., *loc. cit.*).

6. Spec. ad 10. SW., *Fl. ind. occ.*, 950. — H. B. K., *Nov. gen. et spec.*, V, 355. — POEPP. et ENDL., *Nov. gen. et spec.*, III, 66, t. 274 (*Samyda*). — MART., *Nov. gen. et spec.*, II, 165. — GRISEB., *Fl. brit. W.-Ind.*, 22 (*Zuelania*). — TR. et PL., in *Ann. sc. nat.*, sér. 4, XVII, 102. — WALP., *Ann.*, VII, 225.

7. In *Bull. Acad. sc. Petersb.*, X (1866), 485 ; *Mel. biol.*, VI, 19. — B. H., *Gen.*, 972, n.18 *a*. (Gen. male ex sicco notum, ob insertionem staminum forte ad *Samydeas* referendum.)

bases plus minus glanduloso ; antheris subovatis introrsis (?), longitudinaliter rimosis. Germen in flore masculo rudimentarium ; stylo parvo
3-5-fido ; in flore fœmineo globosum, 1-loculare, staminodiis ∞ , abbreviatis cinctum ; stylis 3-6, patentibus, apice stigmatoso incrassatis.
Bacca globosa [1] ; seminibus ∞ , pulpa nidulantibus, extus pulposis ;
testa crustacea; albumine carnoso ; embryonis axilis recti radicula
cylindrica ; cotyledonibus foliaceis suborbiculatis. — Arbor magna ;
foliis alternis cordatis serratis, basi 5-nerviis ; petiolo longiusculo, hinc
inde glandulifero ; stipulis 2 , parvis , caducis ; floribus [2] in racemos
axillares terminalesque ramosos longos subcernuos dispositis; pedicellis
masculis gracilibus elongatis. (*Japonia* [3].)

III. SAMYDEÆ.

10. **Samyda** L. — Flores regulares hermaphroditi apetali ; receptaculo concavo plus minus cupulato v. campanulato. Sepala 4-6, plus
minus alte connata, æqualia v. inæqualia (colorata); præfloratione valde
imbricata. Stamina 8-∞ , fauci inserta; filamentis plus minus alte in
tubum perianthio plus minus longe adnatum connatis; antheris 2-locu-
laribus, introrsum 2-rimosis. Germen liberum, fundo receptaculi insertum, 1-loculare ; stylo apice capitato stigmatoso ; placentis 3-8, parietalibus, ∞ -ovulatis. Fructus coriaceo-carnosus, subglobosus v. ovoideus,
apice demum 3-5-valvis. Semina ∞ , angulata ; arillo carnoso ; testa
crustacea ; hilo ventrali ; arillo carnoso ; albumine carnoso ; embryonis
axilis parvi cotyledonibus foliaceis. — Frutices ; foliis alternis, 2-stichis,
pellucido-punctatis, basi articulatis stipulisque parvis munitis ; floribus
(majusculis) axillaribus, solitariis v. nunc cymosis. (*India occid.*) —
Vid. p. 270.

11. **Guidonia** PLUM. [4] — Flores fere *Samydæ*, minores ; perianthii
tubo plus minus longo ; lobis 4-6, nunc petaloideis, imbricatis. Stamina
6 (*Valentinia* [5]) -∞ ; filamentis cum squamulis totidem alternis elon-

1. Cerasi parvi magnitudine, glabra auran-
tiaca, edulis.

2. Lutescentibus, fœmineis quam masculis
minoribus.

3. Spec. 1. *I. polycarpa* MAXIM., *loc. cit.* (ex
parte translat. et recdit.), in *Ann. sc. nat.*, sér.
5, VII, 378.

4. PLUM., *Gen.*, t. 24 (1703). — L., *Gen.*,
ed. 2 (1742), 520. — H. BN, in *Adansonia*, X,
251. — *Casearia* JACQ., *Stirp. amer.* (1763),
132, t. 85. — DC., *Prodr.*, II, 48. — ENDL.,
Gen., n. 5060. — PAYER, *Fam. nat.*, 94. —
B. H., *Gen.*, 796, n. 1.

5. SW., *Prodr.*, 63 (1797); *Fl. ind. occ.*,
689. — DC., *Prodr.*, I, 618. — ENDL., *Gen.*,
n. 5631.

galis, glabris v. villosis, plus minus alte inter se et cum perianthii basi connatis, nunc abbreviatis et basi circa filamenta antherifera connatis (*Euguidonia*); antheris introrsis, apice nunc penicillatis. Germen liberum, 1-loculare ; placentis parietalibus 3-6, 2 – ∞ – ovulatis ; stylo brevi, apice stigmatoso capitato indiviso (*Iroucana* [1], *Pitumba* [2], *Valentinia*), v. plus minus alte 3-fido (*Piparea* [3], *Crateria* [4]), nunc ample subpeltato (*Zuelania* [5]). Fructus subbaccatus pulposus (*Iroucana, Zuelania*), subsiccus (*Crateria*), v. siccus (*Pitumba*), plus minus alte 3, 4-valvis; valvis medio seminiferis, nunc valde navicularibus (*Piparea*). Semina oblonga v. angulata ; arillo carnoso; embryonis albuminosi cotyledonibus planis, oblongis v. orbicularibus; radicula recta tereti. — Arbores v. frutices; foliis alternis, 2-stichis, integris, serratis v. subspinoso-dentatis, sæpius coriaceis, pellucido-punctatis v. lineolatis, rarius impunctatis (*Piparea*); petiolo basi articulato ; stipulis 2, linearibus, sæpe parvis; floribus [6] solitariis axillaribus, sæpius in umbellas (spurias) v. cymas axillares dispositis; pedicellis articulatis, bracteolatis; bracteis nunc (*Anavinga*) circa flores in involucellum conniventibus. (*Orbis tot. reg. trop. et subtrop.* [7])

12. **Osmelia** THW. [8] — Flores fere *Guidoniæ*, 4, 5-meri ; sepalis valde imbricatis. Stamina 8-10, cum squamis totidem oblongis villosis alternis inserta. Gynæceum liberum ; germine lanuginoso, 1-loculari ; placentis 3, parietalibus, pauciovulatis ; stylis 3, brevibus incurvis, apice stigmatoso capitellatis. Capsula subcoriacea, 3-valvis. Semina pauca ; testa membranacea ; arillo carnoso (rubro) ; embryonis albuminosi radicula brevi ; cotyledonibus foliaceis suborbiculatis. — Arbores ; foliis alternis petiolatis ovatis v. oblongo-lanceolatis subserratis impunctatis ; stipulis minutis,

1. AUBL., *Guian.* (1775), I, 328, t. 127. — *Vareca* GÆRTN., *Fruct.*, I, 290, t. 60.

2. AUBL., *Guian.*, II, App., 29, t. 385. — *Anavinga* LAMK, *Ill.*, t. 355. — GÆRTN. F., *Fruct.*, III, 240, t. 224. — *Melistaurum* FORST., *Char. gen.*, 143, t. 72. — *Lindleya* H. B. K., *Nov. gen. et spec.*, V (part.), t. 480 (nec VI, 239). — *Antigona* VELLOZ., *Fl. flum.*, IV, t. 145.

3. AUBL., *Guian.*, II, App., 30, t. 386. — GÆRTN. F., *Fruct.*, III, t. 224. — DC., *Prodr.*, I, 316. — TR. et PL., in *Ann. sc. nat.*, sér. 4, XVII, 116. — H. BN, in *Adansonia*, X, 252 (*Piparea* gen. forte proprium, ex PL. *loc. cit.*).

4. PERS., *Enchir.*, I, 485. — *Chætocrater* R. et PAV., *Prodr.*, 61, t. 36.

5. A. RICH., *Fl. cub.*, 88, t. 12. — *Thiodia* GRISEB., *Fl. brit. W.-Ind.*, 22 (nec BENN.).

6. Albidis v. virescentibus, flavis v. rarius roseis, sæpe parvis.

7. Spec. ad 75, quar. gerontogeæ ad 30. — H. B. K., *Nov. gen. et spec.*, V, 366. — CAMBESS., in *A. S. H. Fl. Bras. mer.*, II, 229. — A. GRAY, *Amer. expl. Exp., Bot.*, I, 79. — BENTH., *Fl. hongkong.*, 121 ; *Fl. austral.*, III, 308. — WIGHT, *Icon.*, t. 1849. — VENT., *Ch. de pl.*, t. 44. — GRISEB., *Fl. brit. W.-Ind.*, 22. — BL., *Mus. lugd.-bat.*, t. 50. — MIQ., *Fl. ind.-bat.*, I, p. II, 705. — TR. et PL., in *Ann. sc. nat.*, sér. 4, XVII, 106 (*Casearia*), 114 (*Zuelania*). — WALP., *Rep.*, I, 546 ; II, 828 ; V, 406 ; *Ann.*, I, 197 ; II, 276 (*Casearia*).

8. *Enum. pl. Zeyl.*, 20. — B. H., *Gen.*, 797, n. 2. — *Stachycrater* TURCZ., in *Bull. Mosc.* (1858), I, 464.

deciduis; floribus parvis in racemos compositos terminales dispositis; bracteis bracteolisque parvis in involucellum brevem approximatis. (*Zeylania, ins. Philippin.* [1])

·13? **Euceræa** Mart. [2] — « Flores minuti; calycis lobis 4, imbricatis. Stamina 8; alterna 4, breviora; filamentis cum squamulis elongatis alternantibus et apice barbatis in annulum brevem connatis; antheris brevibus. Germen liberum; stylo brevissimo; stigmate subsessili radiatim 4-6-partito; ovulis 1, 2, adscendentibus. Bacca siccata, indehiscens; seminibus 1, 2, oblique adscendentibus, basi arillo lacero munitis. — Arbuscula glabra; foliis alternis oblongis serratis; stipulis deciduis; floribus [3] in spicas axillares ramoso - compositas dispositis. (*Brasilia bor.* [4]) »

14. **Lunania** Hook. [5] — Flores (fere *Guidoniæ*) apetali, hermaphroditi v. rarius polygami; receptaculo breviter cupulato. Calyx subglobosus membranaceus, valvatus, demum in sepala 2-5, patentia v. reflexa, rumpendus. Stamina 6-12, cum squamulis totidem, integris v. 2-fidis, alternis basique in cupulam brevem connatis, inserta; filamentis liberis, brevibus v. elongatis; antheris introrsis, ovoideis v. oblongis, 2-rimosis. Germen centrale liberum, 1-loculare, apice plus minus hians inter bases stylorum 3, brevium, apice dilatato sub-2-lobo stigmatosorum; placentis parietalibus 3, cum stylis alternantibus, latis, ∞ - ovulatis. Capsula subcoriacea oligosperma, 3-valvis; seminibus fere *Samydæ*. — Arbores; ramis flexuosis; foliis alternis petiolatis, 3-5-nerviis, minute pellucidopunctulatis; floribus parvis crebris in racemos graciles elongatos, axillares v. terminales, simplices v. ramosos, nutantes, dispositis; pedicellis basi articulatis, minute ∞ - bracteatis. (*India occ., Peruvia* [6].)

15. **Tetrathylacium** Poepp. et Endl. [7] — Flores polygamo-diœci apetali. Sepala 4, in flore masculo basi in cupulam brevem, in fœmineo autem in tubum urceolato-globosum connata, valde imbricata. Stamina

1. Spec. 3, 4. Benth., in *Journ. Linn. Soc.*, V, Suppl., 88.. — Thw., *Enum. pl. Zeyl.*, 20.
2. *Nov. gen. et spec.*, III, 90, t. 238. — Endl., *Gen.*, n. 5060 [1], Suppl. I, 1420. — B. H., *Gen.*, 797, n. 3.
3. « Parvis, albis. »
4. Spec. 1. *E. nitida* Mart., *loc. cit.* — Walp., *Rep.*, V, 407.
5. In *Lond. Journ. of. Bot.*, III, 517, t. 11,

12. — Benth., in *Journ. Linn. Soc.*, V, Suppl., 89. — B. H., *Gen.*, 797, n. 4.
6. Spec. 5, quar. Antill. 4. Griseb., *Fl. brit. W.-Ind.*, 20; *Pl. amer. trop.*, 26; *Pl. Wright. cub.*, 155; *Cat. pl. cub.*, 7.
7. *Nov. gen. et spec.*, III, 34, t. 240. — B. H., *Gen.*, 119, n. 14. — Tr. et Pl., in *Ann. sc. nat.*, sér. 4, XVII, 105. — *Edmonstonia* Seem., *Voy. Her.*, Bot., 98, t. 18.

4 (quorum antica 2), cum calycis lobis alternantia discique ejus basin vestientis margini inserta; filamentis brevibus; antheris introrsis, apice exappendiculatis, basi subcordatis, longitudinaliter 2-rimosis. Germen liberum (in flore masculo rudimentarium), 1-loculare; stylo brevi, mox in caput stigmatosum, 3, 4–lobum, dilatato; placentis parietalibus 3, 4; « ovulis in singulis crebris. Bacca coriacea, 1-locularis, indehiscens v. demum 3, 4-valvis; seminibus ∞; testa dura; embryonis axilis albuminosi radicula infera recta. » — Frutex v. arbor; foliis alternis amplis remote serratis; stipulis lateralibus 2; floribus parvis in spicas ramosas e trunco et ramis ortas dispositis; singulis bractea bracteolisque lateralibus 2, membranaceis concavis et in involucellum spurium conniventibus, basi cinctis. (*America austr. trop.*[1])

16. **Ryania** VAHL. [2]. — Flores hermaphroditi apetali; receptaculo subplano v. leviter cupulato. Sepala 5, nunc leviter perigyna, valde imbricata [3]. Stamina ∞, leviter perigyna libera; antheris linearibus; loculis longitudinaliter ad margines v. introrsum dehiscentibus. Discus staminibus interior, nunc brevis cupulatus, nunc multo magis evolutus v. subpetaloideus inæquali-fissus. Germen subliberum, 1-loculare; stylo erecto, apice stigmatoso dilatato, subæquali-lobato v. in ramos 2-6, apice capitato stigmatosos reflexos, fisso; placentis parietalibus 2-5, oppositisepalis, ∞–ovulatis. Fructus siccus, lignoso–suberosus, 2-5-valvis. Semina ∞, arillata; testa crustacea; embryonis plus minus albuminosi cotyledonibus latis; radicula recta. — Arbores; pube sæpe stellata; foliis alternis integris penninerviis, transverse venulosis, nunc pellucido-punctulatis; floribus [4] axillaribus solitariis v. paucis cymosis. (*America trop.* [5])

17. **Scolopia** SCHREB. [6] — Flores hermaphroditi; receptaculo late pateriformi v. apice subplano orbiculato-discoideo. Sepala 4-6, margini

1. Spec. 1. *T. macrophyllum* PŒPP. et ENDL., *loc. cit.* — SEEM., *op. cit.*, Suppl., 240. — WALP., *Rep.*, II, 767; *Ann.*, VII, 249. — *Edmonstonia pacifica* SEEM., *loc. cit.* — WALP., *Ann.*, IV, 438.

2. *Ecl. amer.*, I, 51, t. 9. — ENDL., *Gen.*, n. 5093. — BENTH., in *Journ. Linn. Soc.*, V, Suppl., 82. — B. H., *Gen.*, 126, n. 8. — *Patrisia* L. C. RICH., in *Act. Soc. Hist. nat. par.*, 110. — *Ryanæa* DC., *Prodr.*, I, 255.

3. Interioribus 2, 3, dorso sæpe subcarinato-costatis, convolutis.

4. Sæpe majusculis, speciosis.

5. Spec. 6, 7. PERS., *Enchir.*, II, 59 (*Patri-*sin). — H. B. K., *Nov. gen. et spec.*, V, 357 (*Patrisia*). — DELESS., *Ic. sel.*, III, 8, t. 14 (*Patrisia*). — TR. et PL., in *Ann. sc. nat.*, sér. 4, XVII, 115. — WALP., *Rep.*, II, 218; *Ann.*, VII, 225.

6. *Gen.*, 335 (1789). — CLOS, in *Ann. sc. nat.*, sér. 4, VIII, 244. — PAYER, *Fam. nat.*, 111. — BENTH., in *Journ. Linn. Soc.*, V, Suppl., 86. — B. H., *Gen.*, 127, n. 15. — H. BN, in *Adansonia*, X, 253. — *Phoberos* LOUR., *Fl. cochinch.* (ed. 1790), 317. — ENDL., *Gen.*, n. 5068. — *Limonia* GÆRTN., *Fruct.*, I, 278, t. 58 (nec L.). — *Dasyanthera* PRESL, *Rel. Hænk.*, II, 90, t. 66. — ENDL., *Gen.*, n. 5018.

inserta, imbricata, subvalvata v. longe ante anthesin aperta nec contigua. Petala (nunc 0) cum sepalis alternantia iisque sæpe subsimilia nunc basi repente angustata, imbricata v. haud contigua. Stamina ∞, receptaculo paginæ superiori ∞-seriatim inserta, subhypogyna v. jure perigyna dicenda; filamentis erectis liberis; antheris extrorsis, 2-locularibus, 2-rimosis, connectivi processu forma vario, glabro piloso (rarius 0) superatis. Discus perigynus; receptaculo aut parce inter staminum insertionem, aut crassius extus dilatato-glanduloso; glandulis nunc' valde conspicuis, staminibus exterioribus (luteis), singulis v. per paria cum petalis alternantibus. Germen liberum centrale, sessile v. breviter stipitatum, 1-loculare, apice in stylum brevem subintegrum v. stigmatoso-3, 4-lobum attenuato; placentis parietalibus 3, 4, cum lobis stigmatosis alternantibus; ovulis in singulis 2-∞, descendentibus; micropyle introrsum supera. Bacca intus pulposa; seminibus 2-∞; funiculo plus minus elongato; testa dura; embryonis albuminosi cotyledonibus foliaceis. — Arbores v. frutices, inermes v. spinescentes; foliis alternis penninerviis, integris, sinuatis v. dentatis; petiolo ad apicem nunc 2-glanduloso, basi articulato; stipulis minutis lateralibus, caducis; floribus in racemos cymiferos axillares v. subterminales dispositis. (*Asia, Australia et Africa trop. et subtrop.* [1])

18. **Ludia** LAMK [2]. — Flores fere *Scolopiæ*, apetali; sepalis 4-8, imbricatis. Discus extus in glandulas oppositipetalas dilatatus. Stamina ∞, subperigyna; antheris extrorsis, demum plus minus versatilibus. Germen fere *Scolopiæ;* stylo apice demum elongato, 3-6-fido; ovulis in placentis totidem parietalibus ∞. Bacca plus minus coriacea (dehiscens?). Semina pauca obovoidea, nunc leviter incurva. — Frutices; foliis alternis, sæpius nitidulis, in eadem stirpe nunc valde polymorphis, impunctatis, basi articulatis; stipulis minimis v. 0; floribus axillaribus, solitariis v. paucis, cymosis v. glomeratis. (*Africa trop. or. cont. et ins.* [3])

— *Rhinanthera* BL., *Bijdr.*, 1121. — ENDL., *Gen.*, n. 5069. — *Eriudaphus* NEES, in *Eckl. et Zeyh. Enum. pl. afric.*, 271. — PAYER, *Fam. nat.*, 111. — *Adenogyrus* KL., in *Walp. Ann.*, IV, 226.

1. Spec. ad 15. WIGHT et ARN., *Prodr.*, I, 29 (*Phoberos*). — BENN., *Pl. jav. rar.*, 187, t. 39 (*Phoberos*). — HARV. et SOND., *Fl. cap.*, I, 67 (*Phoberos*). — BENTH., *Fl. hongk.*, 19. — MIQ., *Fl. ind.-bat.*, I, p. II, 106; *Fl. sum.*, 159. — THW., *Enum. pl. Zeyl.*, 16. — HANCE, in *Ann. sc. nat.*, sér. 4, XVIII, 214; sér. 5, V,

207. — H. BN, in *Adansonia*, I, 120 (*Eriudaphus*). — BENTH., *Fl. austral.*, I, 107. — F. MUELL., *Fragm.*, III, 11. — WALP., *Ann.*, VII, 227, 228 (*Eriudaphus*).

2. *Dict.*, III, 642; *Ill.*, t. 466. — DC., *Prodr.*, I, 261. — ENDL., *Gen*, n. 5070. — CLOS, in *Ann. sc. nat.*, sér. 4, VIII, 243. — B. H., *Gen.*, 126, n. 10. — H. BN, in *Adansonia*, X, 253.

3. Spec. 3 v. 4. CLOS, *loc. cit.* (part.). — TUL., in *Ann. sc. nat.*, sér. 5, IX, 334. — WALP., *Ann.*, VII, 226.

19. **Kuhlia** H. B. K. [1] — Flores fere *Ludiæ* (v. *Scolopiæ*); receptaculo breviter cupuliformi. Sepala 3-5, leviter perigyna, petalaque totidem alterna, cum eis inserta consimiliaque, omnia valde imbricata, persistentia. Stamina ∞, leviter perigyna (v. interiora omnino hypogyna), receptaculi paginæ superiori ∞-seriatim inserta; filamentis capillaribus liberis; antheris extrorsis, exappendiculatis. Germen liberum centrale, 1-loculare, supra in stylum attenuatum; summo stylo dilatato, subintegro v. plus minus profunde 3-5-lobato stigmatoso; placentis parietalibus 3-5; ovulis in singulis ∞, descendentibus. Fructus (indehiscens?) fere *Ludiæ* v. *Scolopiæ*; seminibus (sæpe extus undulosostriatis) albuminosis. — Arbores; foliis alternis, basi nunc obliquis glanduloso-serratis; petiolo basi articulato; stipulis parvis; floribus [2] in racemos ramosos cymiferos, terminales v. laterales, dispositis; pedicellis basi bracteolatis [3]. (*N.-Granada* [4].)

20. **Banara** AUBL. [5] — Flores fere *Kuhliæ* (v. *Scolopiæ*), hermaphroditi v. nunc polygami, 3-5-meri; sepalis valvatis. Germen liberum; placentis 3-8, parietalibus, ∞-ovulatis; stylo apice capitellato stigmatoso; integro v. 3-8-lobo. Bacca, nunc coriacea, indehiscens; seminibus ∞, albuminosis, extus striatis. Cætera *Kuhliæ*. — Arbores v. frutices; foliis alternis, basi sæpe inæqualibus, sæpe glanduloso-serratis, nunc pellucido-punctatis; petiolo sæpe ad apicem 2-glanduloso, basi articulato; stipulis minutis; floribus [6] in racemos simplices v. sæpius compositos cymiferos, breves v. elongatos, dispositis; pedicellis bracteolatis. (*America trop.* [7])

21. **Aphloia** BENN. [8] — Flores hermaphroditi apetali; receptaculo

1. *Nov. gen. et spec.*, VII, 234, t. 652, 653. — ENDL., *Gen.*, n. 5074. — B. H., *Gen.*, 798, n. 7. — H. BN, in *Adansonia*, X, 255.

2. Parvis v. minimis, albidis.

3. Genus. TR. et PL. ad *Banaram* verisim. haud recte reduxerunt; differt autem, ante omnia, calyce haud valvato et seminum indole.

4. Spec. ad 3. TR. et PL., in *Ann. sc. nat.*, sér. 4, XVII, 101 (*Banara*). — WALP., *Rep.*, I, 204; V, 56.

5. *Guian.*, I, 547, t. 217. — J., *Gen.*, 293. — LAMK, *Dict.*, I, 366; *Ill.*, t. 464. — DC., *Prodr.*, I, 259. — ENDL., *Gen.*, n. 5073. — CLOS, in *Ann. sc. nat.*, sér. 4, VIII, 239. — BENTH., in *Journ. Linn. Soc.*, V, Suppl., 90. — B. H., *Gen.*, 798, 1007, n. 6. — H. BN, in *Adansonia*, X, 255. — *Pineda* R. et PAV., *Prodr.*, 76, t. 14; *Syst.*, I, 133. — DC.,

Prodr., II, 54. — DON, in *Edinb. n. philos. Journ.*, X, 116. — ENDL., *Gen.*, n. 5076. — *Ascra* SCHOTT, in *Spreng. Syst.*, *Cur. post.*, 407. — *Xyladenius* DESVX, in *Ham. Prodr. Fl. ind. occ.*, 41. — *Boca* VELLOZ., *Fl. flum.*, V, t. 113. — *Christannia* PRESL, *Rel. Hænk.*, II, 91, t. 67. — ENDL., *Gen.*, n. 5077.

6. Parvis, nunc virescentibus, pubescentibus v. tomentosis.

7. Spec. ad 12. POEPP. et ENDL., *Nov. gen. et spec.*, III, 74, t. 285 (*Kuhlia*). — TUL., in *Ann. sc. nat.*, sér. 3, VII, 288. — GRISEB., *Fl. brit. W.-Ind.*, 22 (*Trilix*). — TR. et PL., in *Ann. sc. nat.*, sér. 4, XVII, 100 (part.). — WALP., *Rep.*, I, 204, 205 (*Pineda*); II, 765; *Ann.*, I, 64.

8. *Pl. jav. rar.*, 192. — ENDL., *Gen.*, n. 5072 [2] — CLOS, in *Ann. sc. nat.*; sér. 4,

cupuliformi, intus disco tenui vestitum. Sepala 4, 5, valde imbricata [1]. Stamina ∞ , disco extus cum calyce leviter perigyne inserta; filamentis liberis, in alabastro corrugato-inflexis; antheris brevibus, introrsis, 2-rimosis, demum exsertis. Germen subcentrale liberum sessile, apice in stylum brevem late peltato-stigmatosum producto; ovulis ∞ , sæpius paucis, placentæ parietali 2-seriatim insertis, horizontalibus subcampylotropis [2]. Fructus baccatus, demum sæpe siccatus, dehiscens (?); seminibus paucis obovoideo-incurvis; testa crustacea; albumine tenui; embryonis incurvi cotyledonibus ovatis. — Arbores v. frutices; foliis [3] alternis articulatis integris, dentatis v. polymorphis varieque inciso-lobatis; floribus axillaribus solitariis v. paucis, sessilibus v. pedicellatis. (*Ins. afric. trop. or.* [4])

22. **Azara** R. et Pav. [5] — Flores apetali, hermaphroditi v. rarius polygami; receptaculo depresso v. concaviusculo [6]. Sepala 4, v. rarius 5, 6, valvata v. rarius plus minus imbricata [7]. Stamina ∞ , in phalanges sepalorum numero æquales iisque superpositas disposita; filamentis in singulis ∞ , v. rarius numero subdefinitis [8]; lateralibus sæpe cum exterioribus gradatim minoribus et nunc anantheris; antheris brevibus. 2-locularibus, extrorsum 2-rimosis. Glandulæ 4-6, sepalis antepositæ, liberæ v. in discum subperigynum basi connatæ. Germen liberum (in floribus masculis rudimentarium) imo receptaculo insertum, 1-loculare; stylo simplici tubuloso, apice stigmatoso subintegro v. 3, 4-lobo; placentis parietalibus totidem, ∞ - ovulatis [9]. Bacca subglobosa, stylo sæpe apiculata, nunc apice subdehiscens; seminibus ∞ ; testa crustacea. embryonis albuminosi, recti v. leviter incurvi, cotyledonibus latiusculis.

VIII, 271, 273. — Benth., in *Journ. Linn. Soc.*, V, Suppl., 85. — B. H., *Gen.*, 126, n. 11. — H. Bn, in *Adansonia*, X, 253. — *Neumannia* A. Rich., *Fl. cub.*, 96, not. (nec Ad. Br.).

1. Sæpe tenuiter maculata.

2. Raphe brevi; micropyle extrorsum laterali; integumento 2-plici.

3. In sicco sæpe pallide lutescenti-virescentibus.

4. Spec. 2, 3 Poir., *Dict.*, V, 627 (*Prockia*). — Lamk, *Ill.*, t. 465, fig. 3 (*Prockia*). — Vahl, *Symb. bot.*, ii, 69, 70 (*Lightfootia*). — Tul., in *Ann. sc. nat.*, sér. 5, IX, 331 (*Aphlœa*). — Walp., *Ann.* VII, 226.

5. *Prodr.*, 79, t. 36. — Poir., *Dict.*, Suppl., I, 550. — DC., *Prodr.*, I, 262. — Endl., *Gen.*, n. 5075. — Payer *Fam. nat.*, 110. — Benth.,

in *Journ. Linn. Soc.*, V, Suppl., 85. — B. H., *Gen.*, 127, 972, n. 14. — H. Bn, in *Adansonia*, X, 525. — *Lilenia* Berter., in *Bull. sc. nat.*, XX, 108 (ex Endl.). — *Tetracocyne* Turcz., in *Bull. Mosc.* (1863), I, 555.

6. Nunc extus sub calycis insertione in annulum incrassato.

7. Nunc demum carnosulis v. intus pilosis.

8. « In *A. microphylla* (Hook. f., *Fl. ant.*, II, t. 244, not.), stam. defin. cum sepal. altern. et gland. totid. sepal. oppos., ut in *Homalineis*, sed stam. vix perig., et cæt. omn. cum *Azara* conveniunt. » (B. H., *loc. cit.*)

9. Ovulis incomplete anatropis, nunc suborthotropis; micropyle introrsum supera; integumento 2-plici. In *A. crassifoliæ* (in hort. nostr. cultæ) alabastris superiora cæteris multo juniora vidimus.

— Frutices v. rarius arbores [1]; foliis integris v. serratis; stipulis parvis v. sæpius majusculis, foliaceis; floribus [2] fasciculatis v. in spicas race-mosve breves, nunc corymbosos v. subumbellatos, dispositis [3]. (*Chili, Brasilia austr.* [4])

23. Pyramidocarpus Oliv. [5] — Flores hermaphroditi; receptaculo breviter cupulato. Sepala 3, 4, coriacea in petala 4-10, gradatim abeuntia cumque iis perigyne inserta, valde imbricata. Stamina 20-30, perigyna; filamentis erectis brevibus; antheris oblongis subbasifixis; loculis linearibus connectivo planiusculo marginibus adnatis, longitudi-naliter rimosis. Germen liberum, 3-gonum, 1-loculare, in stylos 3, minutos, apice stigmatosos, attenuato; placentis 3, parietalibus, cum stylis alternantibus, ∞ – ovulatis. « Fructus magnus [6] crassissime coria-ceus late cubicus v. pyramidatus; angulis incrassatis rotundatis; faciebus medio carinatis; stylo brevi cuspidatus, 3, 4–valvis, oligospermus. Semina magna late oblonga v. subrotundata angulata; testa crustacea rugulosa pulpa tenui induta; albumine copioso carnoso; embryone....? — Arbor parva glaberrima; ramulis teretibus lævibus, supra basin foliorum annulatis; foliis alternis petiolatis coriaceis oblongis integer-rimis nitidis; petiolo apice incrassato; stipulis delapsis »; floribus [7] in spicas densas breves axillares dispositis [8]; pedicellis brevissimis basi arti-culatis; bracteis brevissimis. (*Africa trop. occ.* [9])

24. Abatia R. et Pav. [10] — Flores hermaphroditi apetali; receptaculo breviter cupuliformi. Sepala 4, valvata. Stamina ∞, nunc numero (8-15) subdefinita (*Aphærema* [11]); filamentis intus receptaculo 2 - ∞ –seriatim leviter perigyne insertis filiformibus; antheris oblongis v. brevioribus (*Raleighia* [12]) extrorsis, demum versatilibus, longitudinaliter rimosis;

1. Amarissimi.
2. Virescentibus v. (ob antherarum colorem) læte aureis.
3. Gen. certe ad *Calanticeas* tendens, simul et ad *Homalieas*, docente Payer (*Fam. nat.*, 110), « cæterum inter *Bixineas (Flacourtieas)* et *Samydaceas (Banareas)* quasi medium ». (B. H., *loc. cit.*)
4. Spec. ad 12. R. et Pav., *Syst.*, 137. — Poepp. et Endl., *Nov. gen. et spec.*, II, t. 167. — Don, in *Edinb. n. phil. Journ.*, X, 117. — Hook. et Arn., *Beech. Voy., Bot.*, t. 4. — Clos, in *C. Gay Fl. chil.*, I, 191. — *Bot. Mag.*, t. 5178. — *Bot. Reg.*, t. 1788. — Walp., *Rep.*, I, 104; *Ann.*, I, 62; VII, 226.
5. In *Journ. Linn. Soc.*, IX, 171 — B. H., *Gen.*, 799, 1007, n. 8.

6. « Magnitudine *Avellanæ.* »
7. « Alabastris parvis globosis glabris. »
8. Inferioribus junioribus.
9. Spec. 1. *P. Blackii* Oliv., *loc. cit.* — Mast., in *Oliv. Fl. trop. Afr.* II, 495.
10. *Prodr.*, 78, t. 14. -- DC., *Prodr.*, I, 503. — Don, in *Edinb. n phil. Journ.* X. 121. — Endl., *Gen.*, n. 6160. — Pl., in *Hook. Lond. Journ.*, IV, 476, t. 16. — B. H., *Gen.*, 199, 1007, n. 9. — H. Bn, in *Adansonia*, X, 255. — *Myriotriche* Turcz., in *Bull. Mosc.* (1863), I, 554. — *Graniera* Mand. et Wedd., *Pl. and. boliv. ers.*, n. 1511 (ex B. H.).
11. Miers, in *Proceed. Hort. Soc.* (1863), 294. — B. H., *Gen.*, 799, n. 11.
12. Gardn., in *Hook. Lond. Journ.*, IV, 97. — B. H., *Gen.*, 799, n. 10.

pilis filamentosis [1] androceo exterioribus, ad faucem receptaculi insertis, aut crebris (*Euabatia*), aut rarioribus (*Raleighia*), nunc 0, v. paucissimis (*Aphærema*). Germen liberum, centrale, 1-loculare ; stylo gracili tubuloso, apice stigmatoso integro v. breviter 3-lobo ; placentis parietalibus 2-4, ∞ - ovulatis. Capsula subglobosa, basi calice stipata, subcoriacea loculicida. Semina ∞ , plus minus alata ; testa crustacea ; albumine carnoso ; embryonis axilis recti cotyledonibus brevibus. — Frutices glabri v. pube fasciculata plus minus induti ; foliis oppositis v. verticillatis serratis exstipulaceis ; floribus in racemos terminales erectos dispositis, bracteatis. (*America utraque trop. et subtrop.* [2])

IV. LACISTEMEÆ.

25. **Lacistema** Sw. — Flores hermaphroditi v. polygami ; receptaculo minuto convexo. Sepala 4-6, libera, nunc brevissima v. 0, sæpe inæqualia , in alabastro apice incurva , persistentia. Discus inæquali-cupulatus obtuse lobatus, regularis v. sæpius antice multo major ; margine nunc varie inflexo. Stamen 1, disco interius, anticum ; filamento libero hypogyne inserto, apice in connectivum breviter 2-crurem dilatato ; loculis antheræ segregatis, crura singula terminantibus, margine v. intus rimosis. Germen superum, subsessile v. breviter stipitatum 1-loculare ; stylo erecto, apice in lobos 3, graciles recurvos, inæquales stigmatosos, diviso ; lobis anterioribus 2 ; tertio postico ; placentis parietalibus 3, cum styli lobis alternantibus ; singulis 1, 2-ovulatis (nunc sterilibus 1, 2) ; ovulis descendentibus, incomplete anatropis ; micropyle introrsum supera. Fructus drupaceo-capsularis , demum loculicide 3-valvis, valvis medio intus placentiferis ; fertili sæpius 1, 1-sperma. Semen descendens ; extus carnosum ; testa crustacea ; albumine copioso carnoso ; embryonis recti radicula cylindrica supera ; cotyledonibus planis. — Arbusculæ v. frutices ; foliis alternis, 2-stichis, persistentibus ; petiolo basi articulato ; stipulis 2, lateralibus, caducis ; limbo simplici penninervio, nunc pellucide punctulato ; floribus in spicas axillares crebras inæquales dispositis ; bracteis alternis, 1-floris ; bracteolis 2, lateralibus linearibus sepalis conformibus et sæpius angustioribus. (*America trop.*) — *Vid. p.* 275.

---

1. An stamina sterilia, filamentis valde attenuatis ; staminibus scilicet aut fertilibus omnibus, aut ex parte anantheris?

2. Spec. ad 8. H. B. K., *Nov. gen. et spec.*, V, 358, t. 486. — H. Bn, in *Adansonia*, X, 256. — Walp., *Rep.*, V, 834 (*Raleighia*).

V. CALANTICEÆ.

26. Calantica Jaub. — Flores hermaphroditi; receptaculo late cupuliformi. Sepala 5–8, margini receptaculi perigyne inserta, valvata. Discus intus receptaculum vestiens et in lobos apice concavos v. marginatos sepalis oppositos adnatosque extus dilatatus. Petala 5–8, perigyna inearia, v. rarius nunc 0 (*Bivinia*). Stamina totidem, cum petalis alternantia perigyna sed remotiuscule subtus a petalis inserta, nunc ∞ (*Bivinia*), in fasciculos alternipetalos disposita; filamentis liberis; antheris 2-locularibus, extrorsis, 2-rimosis. Germen centrale liberum, 1-loculare; stylis 3–6, apice stigmatoso linearibus, placentis 3–6, ∞ - ovulatis. Capsula ovoidea, 3-6-valvis; seminibus ∞, valvis medio intus insertis, extus gossypinis; testa crustacea; albumine carnoso; embryonis recti radicula tereti; cotyledonibus foliaceis, ovatis v. subcordatis. — Arbores; foliis alternis petiolatis simplicibus glanduloso-serratis v. crenatis; stipulis parvis; floribus parvis in racemos compositos cymiferos dispositis; bracteis bracteolisque setaceis, cum calyce sæpe sericeis. (*Africa trop. or. cont. et ins.*) — *Vid. p.* 276.

27? Dissomeria Benth. [1] — Receptaculum breviter cupuliforme, Sepala 4, imbricata. Petala 8, serie 2-plici cum calyce breviore inserta, imbricata, persistentia. Glandulæ totidem alternæ discum perigynum marginantes. Stamina ∞, in fasciculos oppositipetalos disposita; filamentis filiformibus valde pilosis; antheris subglobosis. Germen subliberum hirsutum, 1-loculare; stylis 3, filiformibus, apice stigmatoso acutis; placentis parietalibus 3, 4; ovulis ad singularum apicem insertis paucis descendentibus. Fructus « crasse coriaceus, indehiscens ». — Frutex; foliis alternis ovato-oblongis grosse glanduloso-crenatis petiolatis; stipulis falcatis majusculis, deciduis; floribus in spicas axillares graciles elongatas interruptim dispositis. (*Africa trop. occ.* [2])

28 ? Asteropeia Dup.-Th. [3] — Flores hermaphroditi; receptaculo brevissime cupulato. Sepala 5, obtusa, imbricata, persistentia petalaque 5,

---

1. Benth., *Niger*, 362. — B. H., *Gen.*, 800, n. 14.
2. Spec. 1. *D. crenata* Benth., *loc. cit.* — Mast., in *Oliv. Fl. trop. Afr.*, II, 496. — Walp., *Ann.*, II, 278.

3. *Gen. nov. madag.*, 22, 73; *Hist. vég. iles Afr.*, 51, t. 15. — DC., *Prodr.*, II, 55. — Endl., *Gen.*, n. 5092. — Tul., in *Ann. sc. nat.*, sér. 4, VIII, 79 (*Asteropea*). — B. H., *Gen.*, 801, n. 17.

alterna, decidua, receptaculi margini leviter perigyne inserta. Stamina 10-15, cum perianthio inserta; filamentis ima basi in annulum 1-adelphis, cæterum liberis; antheris brevibus, 2-locularibus, rimosis. Germen liberum sessile, incomplete 3-loculare, apice obtusum v. attenuatum in stylum apice stigmatoso subintegrum v. 3-fidum; ovulis in loculis singulis 2, sub apice insertis, descendentibus. Capsula, basi calyce androceique basi stipata, loculicida, nunc intus fungosa; seminibus ∞, hippocrepicis; embryone...? — Arbores humiles v. frutices scandéntes; foliis alternis petiolatis exstipulaceis, oblongis v. obovatis, integris coriaceis; floribus [1] in racemos ramosos terminales axillaresque dispositis; bracteis bracteolisque caducis. (*Madagascaria* [2].)

VI. HOMALIEÆ.

29. **Homalium** Jacq. — Flores hermaphroditi; receptaculo concavo turbinato v. obconico. Sepala 5-7, petalaque totidem alterna lineari-oblonga fauci receptaculi inserta, imbricata, persistentia. Stamina cum petalis 2-∞, inserta et opposita, aut iis numero æqualia (*Blackwellia*), aut ante singula in fasciculos cum glandulis perigynis alternantes disposita (*Racoubea*); filamentis liberis; antheris 2-locularibus extrorsis, sub-2-dymis, 2-rimosis. Germen ex parte intus receptaculo adnatum, 1-loculare; styli laciniis 2, 6, gracilibus, apice simplici v. capitellato stigmatosis; placentis parietalibus totidem alternis; ovulis in placentis singulis ∞, v. paucis, nunc 1 (*Nisa*), descendente; micropyle introrsum supera. Capsula semisupera coriacea, apice 2-6-valvis; seminibus sæpius paucis, angulatis v. oblongis; testa crustacea; embryonis albuminosi cotyledonibus foliaceis. — Arbores v. frutices; foliis alternis petiolatis simplicibus, sæpius glanduloso-crenatis v. serratis; stipulis parvis v. 0; floribus in racemos ramosos cymiferos axillares dispositis. (*Orb. tot. reg. trop.*) — *Vid. p.* 278.

30? **Byrsanthus** Guillem. — Flores fere *Homalii*; receptaculo obconico. Sepala 4-6, petalaque totidem alterna consimilia, margine induplicata summoque receptaculo omnia inserta, persistentia. Stamina plerumque petalorum numero 3-pla, quorum 4-6, oppositipetala, extus

<hr>

1. Parvis, albidis v. in spec. alt. luteis.   2. Spec. 2. Tul., *loc. cit.*, 80-82.

glandula stipata staminibusque 2, exterioribus comitata ; filamentis gracilibus ; antheris extrorsis. Discus staminibus interior, e glandulis 4-6, perigynis alternipetalisque, constans. Germen magna ex parte intus receptaculo adnatum, 1-loculare ; placentis 4-6, parietalibus, ∞ - ovulatis ; styli apice 4-6-fidi laciniis summis dilatatis stigmatosis. Capsula 1-locularis, apice 4-6-valvis ; semine demum 1 ; albumine carnoso ; embryonis lati cotyledonibus foliaceis. — Frutices ; foliis alternis exstipulaceis ; inflorescentia *Homalii ;* pedicellis articulatis brevissimis. (*Africa trop. occ.*) — *Vid. p.* 279.

VII. PANGIEÆ.

31. **Pangium** Rumph. — Flores dioeci ; receptaculo convexiusculo. Calyx subglobosus, valvatus, inæquali-rumpendus. Petala 5-8, imbricata ; squamis totidem complanatis intus basi appositis. Stamina ∞ ; filamentis basi incrassatis subcarnosis, ad apicem valde attenuatis ; antheris ovatis introrsis, 2-locularibus, 2-rimosis. Stamina in flore foemineo pauca (4-8), subulata. Germen liberum sessile, apice stigmatoso late depresso subglanduloso, 2-4-lobato, inæquali-sulcato. Ovula ∞, transversa v. obliqua, anatropa, placentis parietalibus 2, v. rarius 3, parum prominulis, inserta. Fructus amplus baccatus, indehiscens ; seminibus ∞, in pulpa nidulantibus, magnis inæquali-compressis ; hilo laterali magno elongato ; testa lignosa extus prominulo-nervosa ; albumine copioso oleoso ; embryonis axilis plus minus obliqui radicula conica ; cotyledonibus late foliaceis, basi subcordata digitinerviis. — Arbor ; foliis alternis ; petiolo basi stipulis adnatis plus minus persistentibus munito ; limbo basi cordata digitinervio, integro v. 3-lobo ; floribus axillaribus ; masculis in racemos ramoso-cymosos dispositis ; foemineis solitariis. (*Java.*) — *Vid. p.* 280.

32. **Gynocardia** R. Br. [1] — Flores dioeci (fere *Pangii*) ; calyce cupulato, valvato, 5-dentato, nunc inæquali-rupto. Petala imbricata v. torta staminaque *Pangii ;* antheris elongatis subbasifixis, introrsis. Staminodia in flore foemineo 5-15. Germen sessile ; stylis 5, apice late capitato stigmatosis ; placentis parietalibus 5, ∞ - ovulatis. Bacca

1. In *Roxb. pl. corom.*, III, 95, t. 299. — B. H., *Gen.*, 129, n. 24. — *Chaulmoogra* Roxb., *Fl. ind.*, III, 835. — *Chilmoria* Ham., in *Trans. Linn. Soc.*, XIII, 500. — *Munnicksia* Dennst., *Hort. malab.*, I, n. 36 (ex Endl.) — *Marotti* Rheed, *Hort. malab.*, *loc. cit.*

magna; seminibus ∞ (fere *Pangii*). — Arbor; foliis alternis integris; petiolo brevi; floribus solitariis v. cymosis pedicellatis, axillaribus v. e ligno ortis. (*India* [1].)

33. Bergsmia Bl. [2] — Flores parvi diœci; perianthio squamisque oppositipetalis *Pangii*. Stamina in flore masculo 4-6, fertilia; filamentis basi crassiuscula circa gynæcei rudimentum coalitis, apice recurvis; antheris basifixis introrsis, mox radiantibus; loculis demum superne rimosis; in flore fœmineo 4, 5, sterilia, subulata, alternipetala. Germen sessile; apice stigmatoso depresse 2, 3-lobo; placentis parietalibus 2, 3; ovulis in singulis 2-∞. Fructus...? — Arbores; foliis alternis (fere *Gynocardiæ*) stipulaceis; floribus in racemos axillares simplices dispositis; pedicellis alternis, basi articulatis. (*Java* [3].)

34. Trichadenia Thw. [4] — Flores diœci (fere *Pangii*); calyce valvato, inæquali-rupto v. basi calyptratim circumcisso. Petala imbricata v. sæpius torta; squama intus anteposita oblonga coriacea velutina. Stamina in flore masculo 5, alternipetala; filamentis erectis; antheris elongatis; loculis linearibus marginalibus, longitudinaliter rimosis. Germen (in flore masculo nunc rudimentarium) apice stylo brevi crasso, inæquali-cristato v. crenato stigmatoso, coronatum; placentis parietalibus 3; ovulo in singulis 1 (v. rarius 2), adscendente. Bacca oligosperma; seminibus nidulantibus; embryonis albuminosi cotyledonibus foliaceis plicato-rugosis. — Arbor; foliis alternis petiolatis penninerviis; stipulis foliaceis, caducis; floribus in racemos axillares ramosos cymiferos dispositis. (*Zeylania* [5].)

35. Hydnocarpus Gærtn. [6] — Flores polygamo-diœci; sepalis 4, 5, liberis, valde imbricatis. Petala 5, imbricata v. torta; squamis totidem basi intus antepositis. Stamina in flore masculo 5, alternipetala, v. 6-8; filamentis hypogynis liberis; antheris basifixis, subreniformibus v. suboblongis, ad marginem 2-rimosis. Staminodia in flore fœmineo

1. Spec. 1. *G. odorata* R. Br., *loc. cit.*; in *Benn. Pl. jav. rar.*, 207; *Misc. Works*, ed. Benn., II, 716. — Bl., *Rumphia*, IV, 23. — *Chaulmoogra odorata* Roxb. — *Chilmoogra dodecandra* Ham. (vulg. *Chaulmoogri, Chawulmoogri, Petarcurrah*).

2. *Rumphia*, IV, 23, t. 178 C, fig. 2. — B. H., *Gen.*, 129, n. 25.

3. Spec. 1. *B. javanica* Bl., *loc. cit.*; *Mus. lugd.-bat.*, I, 16. — Miq., *Fl. ind.-bat.*, I, p. II, 111; *Fl. sum.*,159. — Walp., *Ann.*, II, 63.

4. In *Hook. Kew Journ.*, VII, 196, t. 8. — B. H., *Gen.*, 129, n. 26.

5. Spec. 1. *T. zeylanica* Thw., *loc. cit.*; *Enum. pl. Zeyl.*, 19.—Walp., *Ann.*, IV, 229.

6. *Fruct.*, I, 288, t. 60. — DC., *Prodr.*, I, 257. — Endl., *Gen.*, n. 5085 (part.). — Bl., *Rumphia*, IV, 21, t. 178 B, fig. 1 (nec).—B. H., *Gen.*, 129, n. 28.

5 – ∞ , sterilia v. nunc anthera fertili donata. Germen sessile; stylis 3-6, brevibus v. plus minus elongatis, apice inæquali–dilatato stigmatosis; placentis totidem parietalibus; ovulis in singulis ∞ , anatropis. Bacca magna subcorticata; seminibus ∞ ; testa dura striata; albumine oleoso; embryonis axilis cotyledonibus foliaceis, planis v. subplicatis. — Arbores; foliis alternis serratis breviter petiolatis; stipulis lateralibus, caducis; floribus in racemos axillares breves cymiferos dispositis; fœmineis paucis v. solitariis [1]. (*Asia trop.* [2])

36. **Rawsonia** Harv. et Sond. [3] — Flores polygami; sepalis 4, 5, valde imbricatis, gradatim in petala totidem valde imbricata abeuntibus. Squamæ complanatæ, subpetaloideæ v. breviter pilosæ (*Dasylepis* [4]), petalis singulis basi intus antepositæ. Stamina ∞ , receptaculo leviter dilatato inserta [5]; filamentis linearibus; antheris lineari–v. lanceolato-oblongis, basi plus minus sagittatis. Germen superum; placentis 2-5, parietalibus, ∞ – ovulatis; styli erecti, apice stigmatosi lobis plus minus elongatis [6], nunc demum radiatis (*Eurawsonia*). Fructus baccatus....? — Arbores v. frutices glabri; foliis alternis serratis v. dentatis; stipulis parvis, deciduis; floribus axillaribus, racemosis (*Dasylepis*), v. solitariis glomeratisve [7]. (*Africa trop. occ. et austr.* [8])

37. **Kiggelaria** L. [9] — Flores diœci; receptaculo breviter depresso glanduloso villosulo. Sepala 5, libera, valvata v. vix imbricata. Petala totidem alterna, imbricata; squamis totidem complanato-carnosulis antepositis basique intus plus minus alte connatis. Stamina in flore masculo pauca (sæpius 10–12), in fœmineo 0; filamentis brevibus liberis erectis; antheris basifixis; loculis 2, lateralibus, apice rimis brevibus v. poribus dehiscentibus. Germen liberum (in flore masculo 0);

1. An huj. gen. (charact. forte inde paul. mutand.) *Taraktogenos Blumei* Hassk. (*Retzia* 127; — B. H., *Gen.*, 129, n. 27; — Miq., *Fl. ind.-bat.*, I, p. II, 110; *Fl. sum.*, 159 ; — Walp., *Ann.*, IV, 229 ; VII, 232 ; — *Hydnocarpus heterophylla* Bl.), arbor javanica, habitu *Hydnocarpi*, cui dicuntur sepala 4, petala 8, stamina 8, v. 3-plici petalorum numero et ovula numero indefinita?

2. Spec. 5, 6. Vahl, *Symb. bot.*, III, 100. — Wight, *Ill.*, t. 16; *Icon.*, t. 942. — Wight et Arn., *Prodr.*, I, 30. — Miq., *Fl. ind.-bat.*, I, p. II, 110; *Fl. sum.*, 159. — Walp., *Rep.*, V, 58 *b*; *Ann.*, I, 63; II, 62; IV, 230; VII, 232.

3. *Fl. cap.*, 67. — B. H., *Gen.*, 127, n. 12. — H. Bn, in *Adansonia*, X, 257.

4. Oliv., in *Journ. Linn. Soc.*, IX, 170. — B. H., *Gen.*, 972, n. 26 *a*.

5. Inde sæpius leviter perigyna.

6. In *Dasylepide* diu erecto-conniventibus.

7. Genus simul *Pangieis* et *Oncobæ* valde affine. *Rawsonia* inter *Flacourtieas* a recentioribus collocata est, dum recte cl. Oliver *Dasylepidem*, ob squamas oppositipetalas, post *Trichadeniam* insereret.

8. Spec. 2. Harv., *Thes. cap.*, t. 31. — Walp., *Ann.*, VII, 226.

9. *Gen.*, n. 1128. — J., *Gen.*, 387. — Gærtn., *Fruct.*, I, 206, t. 44. — Lamk, *Dict.*, III, 365; *Ill.*, t. 821. — Endl., *Gen.*, n. 5082. — DC., *Prodr.*, I; 257. — Clos, in *Ann. sc. nat.*, sér. 4, VIII, 267. — B. H., *Gen.* 130, n. 29.

placentis parietalibus 2-5; ovulis ∞, sæpius paucis; stylis 2-5, apice reflexo stigmatosis. Fructus carnosulus, ægre dehiscens, v. siccus, imperfecte 2-5-valvis. Semina 1-∞; extus pulposa; albumine carnoso copioso; embryonis majusculi cotyledonibus foliaceis, basi digitinerviis. Frutices inermes, sæpe stellato-pubescentes; foliis alternis exstipulaceis, integris v. crenatis; floribus in cymas axillares breviter racemosas dispositis, bracteatis. (*Africa austr.* [1])

VIII. PAPAYEÆ.

38. **Papaya** T. — Flores diœci v. rarius polygami. Calyx masculus parvus v. minimus, 5-lobus v. 5-dentatus, imbricatus v. valvatus. Corolla hypocraterimorpha; tubo elongato; lobis 5, oblongis v. linearibus, præfloratione dextrorsum (*Eupapaya*) v. sinistrorsum contorta, nunc rarius valvata (*Vasconcella*). Stamina 10, fauci corollæ 2-seriatim inserta, quorum 5, oppositipetala, sæpe subsessilia; alterna autem 5, longiora; filamentis liberis v. subliberis, nunc plus minus altea basi connatis (*Jacaratia*); antheris erectis adnatis, introrsum 2-rimosis; connectivo sæpe ultra loculos producto. Germen rudimentarium subulatum. Floris fœminei calyx ut in mare. Petala 5, libera, erecta, torta v. valvata, decidua. Staminodia 0, v. in flore hermaphrodito stamina fertilia 1-10. Germen liberum sessile, 1-loculare v. rarius septis spuriis 5-loculare (*Vasconcella*); placentis 5, parietalibus, ∞ - ovulatis; stylo brevi, mox v. a basi in lacinias 5, dilatatas v.-lineares simplices, nunc 2-∞ - lobatas, diviso. Bacca intus pulposa, indehiscens. Semina ∞; integumento externo subcarnoso v. suberoso arilliformi; testa crustacea lævi, rugosa v. aculeata; albumine carnoso; embryonis axilis cotyledonibus planis elliptico-oblongis; radicula tereti. — Arbores v. frutices, succo lacteo scatentes; trunco sæpe simplici, apice folioso; nunc aculeato v. spinoso (*Jacaratia*); foliis alternis petiolatis subpeltatim palmatis v. digitatim 5-12-foliolatis, rarius oblongis, exstipulaceis; floribus solitariis v. in racemos cymiferos axillares v. terminales dispositis, nunc e trunco ortis, ebracteatis. (*America trop.*) — *Vid. p.* 283.

1. Spec. 3. L., *Hort. Cliff.*, t. 29. — Jacq., *Fl. cap.*, I, 71. — Walp., *Ann.*, IV, 230; *Coll.*, 296; *Ic. rar.*, t. 628. — Harv. et Sond., VII, 232.

IX. TURNEREÆ.

39. **Turnera** L. — Flores regulares hermaphroditi; tubo (receptaculi?) plus minus elongato cylindrico v. obconico; limbo calycis campanulato v. subinfundibuliformi, 5-partito, imbricato. Petala 5, fauci inserta; ungue brevi nudo v. rarissime (*Erblichia*) filamentis brevibus coronato; limbo obovato v. obcuneato subspathulatove late membranaceo colorato, in alabastro contorto, v. rarius minuto calyce breviore subsepaloideo. Stamina 5, alternipetala; antheris oblongis, introrsum 2-rimosis; filamentis liberis fauci v. plus minus alte a fauce ad basin tubi plus minus perigyne v. subhypogyne (*Wormskioldia*) insertis. Germen liberum, 1-loculare; stylis 3, simplicibus v. 2-partitis (*Piriqueta*), apice stigmatoso subintegro (*Erblichia*), v. flabellatim 2 – 5 – ∞ – fido; ovulis in placentis singulis 2-∞ , descendentibus; micropyle extrorsum supera. Capsula 1-locularis, subovoidea v. oblonga, nunc siliquiformis torulosa (*Wormskioldia*), plus minus alte 3-valvis; valvis medio intus 1 – ∞ – spermis. Semina oblonga v. cylindrica lente curva; arillo membranaceo; testa crustacea, extus foveolata; albumine copioso carnoso; embryonis axilis radicula cylindracea; cotyledonibus plano-convexis. — Herbæ, suffrutices v. frutices, glabri, pubescentes v. tomentosi; foliis alternis petiolatis v. sessilibus; stipulis lateralibus parvis v. 0; limbo integro, serrato v. pinnatifido, basi nunc 2-glanduloso; floribus axillaribus solitariis v. raro cymosis racemosisve, nunc petiolo plus minus alte adnatis. (*America et Africa trop.*) — *Vid. p.* 286.

X. COCHLOSPERMEÆ.

40. **Cochlospermum** K. — Flores hermaphroditi; receptaculo convexiusculo. Sepala 5, imbricata, decidua. Petala 5, alterna ampla, contorta v. imbricata. Stamina ∞ , receptaculo eglanduloso inserta; filamentis subæqualibus v. altero latere longioribus liberis; antheris oblongis v. linearibus, 2-locularibus, apice poricidis v. rimulis obliquis brevibus, apice confluentibus, dehiscentibus; connectivo nunc ultra loculos apiculato. Germen liberum, 1-loculare; placentis 3-5, intra cavitatem plus minus prominentibus, plus minus alte a basi in axi, v. nunc fere ad apicem (*Amoreuxia*) coalitis; ovulis in placentis singulis

∞ , plus minus alte lateraliter insertis; stylo simplici tubuloso, apice stigmatoso subintegro v. minute 3–5–denticulato. Capsula 3–5–valvis, incomplete v. subcomplete 3–5–locularis ; exocarpio loculicido ab endocarpii membranacei v. pergamentacei valvis alternantibus soluto. Semina ∞ , cochleato-reniformia v. spiralia, extus lana v. pilis longis, nunc brevibus remotisque (*Amoreuxia*), conspersa ; testa crustacea v. cornea, ante apicem cotyledonum poro intus obturato perforata ; albumine carnoso ; embryonis arcuati v. incurvi axilis conformisque cotyledonibus ovatis v. oblongis, nunc uncinatis; radicula tereti incurva. — Arbores, frutices, v. rarius herbæ rhizomate tuberoso donatæ, colorem luteum scatentes; foliis alternis, palmatifidis v. digitatis; floribus (speciosis) in racemos simplices v. ramosos, terminales v. ad folia suprema laterales, dispositis. (*America, Asia, Africa occ. et Australia trop.*) — *Vid. p.* 289.

XXXII

CISTACÉES

Cette petite famille a tiré son nom de celui des Cistes [1] (fig. 344, 345) qui ont les fleurs régulières et généralement hermaphrodites, avec un réceptacle en forme de cône surbaissé, portant de bas en haut le

Fig. 344. Rameau florifère.

périanthe, l'androcée et le gynécée. Dans les espèces les plus répandues de ce genre, telles que les *Cistus creticus* (fig. 344), *crispus*, *albidus*, *pur-pureus*, *parviflorus*, etc., on observe d'abord un calice formé de cinq [2]

1. *Cistus* T., *Inst.*, 259, t. 136.—L., *Gen.*, n. 673. — Adans., *Fam. des pl.*, II, 443. — J., *Gen.*, n. 673.—Gærtn., *Fruct.*, 370, t. 76. — Lamk, *Dict.*, II, 12; Suppl., II, 274; *Ill.*, t. 477. — Pourr., *Hist. des Cistes* (ex Clos, in *Mém. Acad. Toul.* et *Bull. Soc. bot. de Fr.*, V, 291). — Dun., in *DC. Prodr.*, I, 263. — Turp., in *Dict. sciences nat.*, Atl., t. 190. — Spach., in *Ann. sc. nat.*, sér. 2, VI, 357; *Suit. à Buffon*, VI, 84. — Endl., *Gen.*,

n. 5028. — Payer, *Organog.*, 15, t. 3; *Fam. nat.*, 144. — B. H., *Gen.*, 113, n. 1. — Willk., *Ic. hispan.*, II, t. 75-99. — Pl., in *Bull. Soc. bot. de Fr.*, IX, 509. — Clos, in *Bull. Soc. bot. de Fr.*, IX, 519. — Schnizl., *Icon.*, fasc. IX, t. 188.

2. Il n'y en a que trois dans les *C. ladani-ferus* L., *cyprius* Lamk et *laurifolius* L., types du genre *Ladanium* Spach (*loc. cit.*, 366, t. 17, fig. 1-4).

sépales, plus ou moins inégaux, disposés dans le bouton en préfloraison quinconciale[1]. Les pétales, en même nombre, sont alternes, ou opposés, ou dans une position intermédiaire [2], sessiles ou peu s'en faut, tordus dans le bouton [3]; leur ensemble forme une corolle rosacée, qui tombe peu après l'épanouissement. L'androcée se compose d'un nombre indéfini d'étamines hypogynes, à filets libres, à anthères déhiscentes par deux fentes longitudinales, marginales ou légèrement introrses [4]. Le gynécée, libre et supère, est formé d'un ovaire sessile, uniloculaire, avec cinq placentas pariétaux, superposés aux sépales et plus ou moins proéminents dans l'intérieur de la loge [5]. Chaque placenta porte un nombre indéfini d'ovules, orthotropes ou à peu près [6], pourvus chacun d'un funicule plus ou moins allongé. L'ovaire est surmonté d'un style, de longueur variable, dont le sommet renflé est chargé de papilles stigmatifères [7]. Le fruit qu'accompagne à sa base le calice persistant, est une capsule qui se sépare à sa maturité en cinq valves et s'ouvre de haut en bas par cinq fentes plus ou moins prolongées. Chaque valve porte en dedans, sur la ligne médiane, un placenta polysperme. Les graines renferment sous leurs téguments [8] un albumen farineux ou presque cartilagineux, qu'entoure un embryon excentrique, à radicule opposée au hile, et à cotylédons plus ou moins larges et aplatis, enroulés en spirale. Les Cistes proprement dits [9] sont des plantes frutescentes ou suffrutescentes, souvent chargées de poils mous et visqueux. Leurs feuilles sont ordinairement opposées, principalement dans les portions inférieures de la plante, simples, entières, sans stipules. Leurs fleurs sont terminales et solitaires, ou plus souvent groupées au sommet des rameaux en cymes pauciflores; leur corolle est rose ou purpurine.

---

1. Les sépales 1 et 2 sont tout à fait extérieurs. Les trois autres, plus intérieurs, considérés par certains auteurs comme les seuls sépales, sont en outre tordus à un certain âge. Quelquefois le calice est formé accidentellement de deux séries de trois folioles chacun.

2. M. Spach admettait que « les pétales n'alternent jamais avec les sépales ». Payer, dans les espèces par lui observées, a vu, dit-il, une alternance exacte. M. Planchon a constaté l'une et l'autre de ces deux dispositions, la dernière étant la moins fréquente.

3. Le sens de la torsion est souvent inverse pour le calice et la corolle; mais le fait est loin d'être constant.

4. Le pollen des Cistacées qui ont été étudiées à ce point de vue est ellipsoïde avec trois sillons, et dans l'eau, sphérique avec trois papilles. (H. Mohl, in *Ann. sc. nat.*, sér. 2, III, 329.)

5. M. Spach a vu que les placentaires, adnés aux bords des cloisons, « se distinguent très-nettement et ne sauraient être confondus avec celles-ci ».

6. Le funicule s'insère ou à la base de l'ovule, ou plus ou moins haut sur les côtés de cette base. L'ovule a un double tégument. Celui du *C. creticus* a été figuré par M. J. G. Agardh (*Theor. Syst. plant.*, t. 16, fig. 17-19).

7. Le style est un tube dilaté vers son sommet. Les sommets des placentas tapissent l'intérieur de ce tube, sous forme de bandelettes étroites, alternes avec les loges ovariennes, et finissent par se dilater un peu en autant de lobes stigmatifères.

8. Il se compose de trois couches, la moyenne étant la plus résistante et la plus colorée.

9. Sect. *Eucistus.* — Gen. *Cistus* Spach, *loc. cit.*, 367. Cette section renfermerait les *Erythrocistus* de Dunal, sauf le *C. symphytifolius.*

Il y a des Cistes, tels que le *C. symphytifolius* [1], dont les deux sépales extérieurs sont petits et recourbés en dehors, et dont le style, bien plus long que les étamines, est légèrement géniculé à sa base ; on a proposé d'en faire un genre, sous le nom de *Rhodocistus* [2]. Les pétales y sont de couleur rouge, comme dans les Cistes proprement dits. Dans les autres espèces du genre, la corolle est blanche et le style est très-court ; elles avaient été confondues autrefois dans une section du nom de *Ledonia* [3] (fig. 346); elles ont été depuis lors distinguées en trois autres genres, sous les noms de *Ledonia* [4], *Ladanium* [5] et *Stephanocarpus* [6]. Le genre Ciste, ainsi circonscrit, renferme une vingtaine d'espèces [7], européennes, africaines et asiatiques, la plupart méditerranéennes.

Helianthemum lasiocarpum.

Fig. 346. Inflorescence.

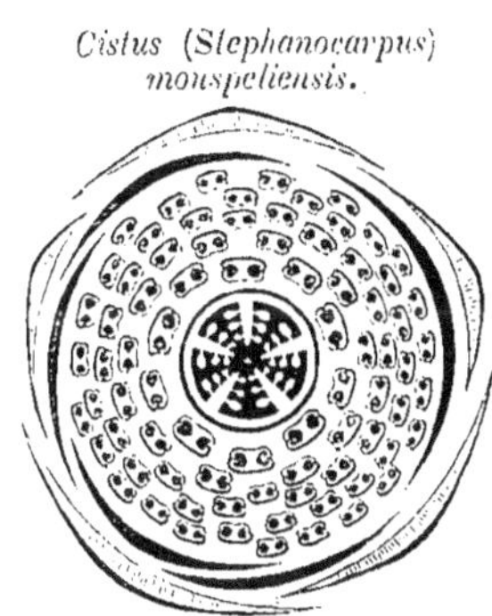

Cistus (Stephanocarpus) monspeliensis.

Fig. 345. Diagramme.

Autrefois compris dans le genre *Cistus*, les Hélianthèmes [8] (fig. 346-348) ne peuvent guère en être séparés que d'une façon artificielle. Au lieu de cinq placentas, ils n'en ont généralement que trois ; et leur capsule se partage en trois valves, au lieu de cinq. Leurs inflorescences sont en réalité des cymes, mais elles simulent généralement des grappes ou des épis [9]. Leur embryon a ordinairement la forme d'un croc, ou bien l'une de celles que l'on définit, dans le langage technique, par les mots de

1. Lamk, *Dict.*, II, n. 9. — *C. vaginatus* Ait. — *C. candidissimus* Dun.

2. Spach, *loc. cit.*, 367 (*R. Berthelotianus*).

3. Dun., *loc. cit.* (nec Spach).

4. Spach, *loc. cit.*, 369 (nec Dun.)

5. Voy. p. 330, note 5. Le gynécée peut avoir ici jusqu'à dix loges.

6. Spach, *loc. cit.*, 368.

7. Reichb., *Ic. Fl. germ.*, III, t. 36-40. — Bernh., in *Flora* (1828), 688. — Webb, *Phyt. canar.*, t. 12. — Gren. et Godr., *Fl. de Fr.*, I, 161. — *Bot. Mag.*, t. 43, 112, 264, 5241. — Walp., *Rep.*, I, 206; II, 765; *Ann.*, I, 64; VII, 204.

8. *Helianthemum* T., *Inst.*, 248, t. 128 (part.). — Pers., *Syn.*, II, 75. — Dun., in *DC. Prodr.*, I, 266. — Spach, in *Ann. sc. nat.*, sér. 2, VI, 360; *Suit. à Buffon*, VI, 15. — Endl., *Gen.*, n. 5029. — Payer, *Organog.*, 15, t. 3; *Fam. nat.*, 145. — Willk., *Ic. hisp.*, II, t. 103-158. — A. Gray, *Gen. ill.*, t. 87. — B. H., *Gen.*, 113, n. 2. — Lem. et Dcne, *Tr. gén.*, 429. — *Cistus* L., *Gen.*, n. 673 (part.).

9. Parce que les cymes deviennent souvent uniparcs par avortement, et que les axes de générations successives se placent bout à bout, comme dans un sympode, de façon à simuler un axe principal unique (fig. 346).

biplicatus ou de *circumflexus*. Toutefois, dans les *Halimium* [1], qui sont rapportés par les uns aux Hélianthèmes, et par les autres aux Cistes, et qui sont intermédiaires aux deux genres, l'embryon est souvent disposé comme celui de ces derniers, quoique le gynécée soit formé de trois carpelles. Les Hélianthèmes sont des plantes herbacées ou suffrutescentes, à feuilles opposées ou alternes, accompagnées ou non de stipules [2], qui habitent l'Europe, la région méditerranéenne et l'Asie occidentale, les îles occidentales de la côte d'Afrique et les deux Amériques. Les uns en ont décrit plus de cent espèces [3] ; d'autres ont réduit ce nombre au quart environ [4]. On les a partagées en sept ou huit genres [5], que nous conservons comme sous-genres ou sections. Les fleurs sont ordinairement jaunes ou blanches, et plus rarement rosées. Dans trois ou quatre espèces de ce genre, les *H. canadense, corymbosum* et *glomeraum* [6], les fleurs sont de deux sortes, les unes polyandres, les autres ordinairement triandres et apétales. Dans l'*H. glomeratum*, toutes les fleurs sont apétales et oligandres ; on a proposé d'en faire un genre *Tæniostema* [7], dont le nom est tiré de la forme des étamines [8]. et qui sert de passage des *Helianthemum* proprement dits aux deux types génériques amoindris qui suivent.

Les *Hudsonia* et les *Lechea* peuvent être considérés comme des types

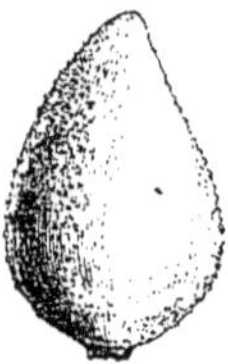
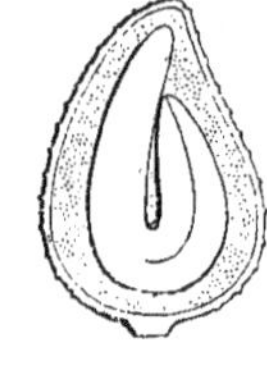

Helianthemum lasiocarpum.

Fig. 347. Grain (⁴⁄₃).   Fig. 348. Graine, coupe longitudinale.

1. *Helianthemi* sect. Dun., in *DC. Prodr.*, I, 267. — Gen. *Halimium* Spach, *loc. cit.*, 365 (incl. : *H. lasianthum, algarvense, umbellatum, Cistus Libanotis, rosmarinifolius*).

2. M. Clos considère les deux sépales extérieurs des Hélianthèmes comme étant de nature stipulaire. Dans les *Helianthemum*, le défaut d'alternance des pièces de la corolle avec les sépales est encore plus prononcé en général que dans les Cistes. Payer (*Organog.*, 16) assigne aux pétales la position suivante : « Un devant le sépale 4, et deux devant chacun des sépales 3 et 5. Il y a donc, en considérant le côté de la fleur superposé à la dernière bractée comme le côté antérieur, quatre pétales antérieurs, superposés par paires aux deux sépales 3 et 5, et un pétale postérieur, superposé au sépale 4. »

3. Dun., *loc. cit.*, 266.

4. M. Spach n'en admet que vingt-sept. — Reichb., *Ic. Fl. germ.*, III, t. 25-35. — Webb, *Phyt. canar.*, t. 12 B, 13, 13 B. — Boiss., *Fl. or.*, I, 439. — Gren. et Godr., *Fl. de Fr.*, I, 167. — C. Gay, *Fl. chil.*, I, 202.

— A. Gray, *Man.*, ed. 5, 80. — Champ., *Fl. S. Unit. St.*, 35. — Walp., *Rep.*, I, 208 ; V, 58 *b* ; *Ann.*, I, 64 ; II, 63 ; IV, 231 ; VII, 205.

5. Notamment, auprès des *Euhelianthemum* (*Helianthemum* Spach, *loc. cit.*, 360, nec Dun.). qui se distinguent par un embryon orthoplocé, les *Tuberaria* Dun. (*H. guttatum*) et les *Rhodax*, Spach, qui ont l'embryon, les uns circonflexe, les autres diplécolobé.

6. Types du genre *Heteromeris* (Spach, *loc. cit.*, 370).

7. Spach, *loc. cit.*, 371.

8. Elles ont un filet linéaire-spathulé et une anthère suborbiculaire, adnée, très-petite. Dans les *Fumana*, section du genre *Helianthemum* (Dun., *loc. cit.*, 274), dont on a fait aussi un genre distinct (Spach, *loc. cit.*, 359, t. 16 ; — Endl., *Gen.*, n. 5027), les étamines extérieures sont stériles et moniliformes. Les ovules ne sont pas orthotropes, mais incomplétement anatropes, comme dans quelques autres espèces du groupe. (« Nobis erit subgen. *Helianthemi.* » B. H., *loc. cit.*, 114.)

réduits du genre *Cistus*. Dans les *Hudsonia* [1], il y a, avec le même périanthe et le même androcée que celui des Cistes, trois carpelles et trois placentas, mais, sur chacun de ceux-ci, seulement deux ovules semblables à ceux des Hélianthèmes. Ce petit genre renferme trois espèces [2], de l'Amérique du Nord, à tige frutescente ou sous-frutescente, à petites feuilles alternes, imbriquées, analogues à celles des Bruyères et à petites

Lechea mexicana.

Fig. 350. Fleur, coupe longitudinale (⅗). Fig. 349. Rameau florifère. Fig. 351. Fleur, le périanthe enlevé.

fleurs jaunes, solitaires, terminales, pédonculées, rapprochées sur de petits rameaux gemmiformes. Les *Lechea* [3] n'ont plus que des fleurs trimères, parfois dimorphes, apétales, des étamines peu nombreuses, un ovaire à placentas biovulés, et un style à trois divisions stigmatifères fimbriées. Les quatre ou cinq espèces [4] connues sont aussi de l'Amérique du Nord, herbacées ou suffrutescentes, avec des fleurs disposées en grappes de cymes ou de glomérules. Dans le *L. Drummondii*, élevé au

1. L., *Mantiss.*, n. 1263. — J., *Gen.*, 162. — GÆRTN. F., *Fruct.*, III, 152, t. 407. — LAMK, *Ill.*, t. 407. — DUN., in *DC. Prodr.*, I, 284. — SPACH, *loc. cit.*, 372; *Suit. à Buffon*, VI, 113. — ENDL., *Gen.*, n. 5031. — A. GRAY, *Gen. ill.*, t. 90. — B. H., *Gen.*, 114, n. 3.

2. A. GRAY, *Man.*, ed. 5, 81. — CHAPM., *Fl. S. Unit. St.*, 36. — WALP., *Rep.*, I, 213.

3. L., *Gen.*, n. 109. — J., *Gen.*, 303. — GÆRTN., *Fruct.*, II, 222, t. 129. — DC., *Prodr.*,

I, 285. — SPACH, *loc. cit.*, 371. — ENDL., *Gen*, n. 5030. — PAYER, *Fam. nat.*, 146. — A. GRAY, *Gen. ill.*, t. 88, 89. — B. H., *Gen.*, 114, n. 4. — *Lechidium* SPACH, in *Ann. sc. nat.*, sér. 2, VI, 372.

4. LAMK, *Ill.*, t. 281, fig. 3 (*Gaura*). — A. GRAY, *Man.*, ed. 5, 81. — TORR. et GRAY, *Fl. N.-Amer.*, I, 152. — CHAPM., *Fl. S. Unit. St.*, 36. — SPACH, in *Comp. to Bot. Mag.*, II, 282, 286. — WALP., *Rep.*, I, 212; V, 58 *b*.

rang de genre, sous le nom de *Lechidium*, les cloisons sont incomplètes, et les placentas sont plus épais que dans les autres espèces et persistent après la déhiscence du fruit.

Les Cistes formaient, en 1763, pour Adanson [1], une famille tenant « le milieu entre celle des Pavots et celle des Renoncules »; il y comprenait un grand nombre de Bixacées, Hypéricacées, Clusiacées, les *Sarracena*, les Nigelles, etc. A. L. de Jussieu [2] réduisit beaucoup le cadre de cette famille, en y plaçant d'une part les Cistes et les Hélianthèmes, et, d'autre part, comme *genera affinia*, presque toutes les Violacées de lui connues. Il rangeait les *Hudsonia* parmi les Bruyères, et les *Lechea* à côté des Lins. En 1824, Dunal [3] limita la famille comme l'ont fait depuis lors la plupart des auteurs [4], et comme nous venons de le faire, en n'y énumérant que les quatre genres *Cistus*, *Helianthemum*, *Hudsonia* et *Lechea* [5]. Lindley [6], en 1846, y ajoutait les *Cochlospermum*, genre très-voisin, en effet, des quatre précédents, plus voisins encore, à ce qu'il semble, des Bixacées et des Ternstrœmiacées. Le nombre des espèces de ce groupe ne semble pas jusqu'ici dépasser une soixantaine; on n'en cite aucune en Australie, dans l'Asie austro-occidentale, dans l'Afrique australe ou moyenne. Les Cistes sont méditerranéens. Les Hélianthèmes, habitants des mêmes régions, s'étendent jusqu'aux îles africaines occidentales, en Asie jusqu'au Pundjab, et il y en a quelques-uns dans les régions tempérées de l'Amérique. Les *Hudsonia* et les *Lechea* connus sont tous de l'Amérique du Nord.

Il y a de grandes affinités entre les Cistacées et les Dilléniacées; si bien que, quant aux caractères extérieurs, le plus cultivé chez nous des *Hibbertia* [7] ressemble singulièrement à un Ciste, et qu'il en est de même d'un grand nombre de petits *Candollea* et *Hibbertia* australiens. Les étamines et les pétales, quant à leur forme et à leur coloration, sont souvent les mêmes dans les deux groupes. Il est certain cependant que

1. *Fam. des pl.*, II, 434, Fam. 64.
2. *Gen.*, 294, Ord. 20 (*Cisti*).
3. In *DC. Prodr.*, I, 263, Ord. 15 (*Cistineæ*).
4. Endl., *Gen.*, 903, Ord. 188 (*Cistineæ*). — Spach, in *Ann. sc. nat.*, sér. 2, VI, 257, 357; *Suit. à Buffon*, VI, 1-114 (*Cistaceæ*). — B. H., *Gen.*, 112, Ord. 14 (*Cistineæ*).
5. Ces genres sont d'ailleurs pour nous des plus artificiels, très-peu nettement délimités, avec, le plus souvent, des passages insensibles de l'un à l'autre; ce qui prouve que ce petit groupe est des plus naturels et explique qu'on puisse y multiplier à volonté les coupes génériques.
6. *Introd.*, lxix (1836); *Veg. Kingd.*, 349, Ord. 122.
7. L'*H. volubilis* Andr. (Vol. 1, fig. 128-130).

le mode d'insertion et l'organisation des ovules sont bien différents dans les Cistacées de ce qu'ils sont dans les Dilléniacées ; sinon on pourrait considérer les premières comme représentant dans nos pays une forme à carpelles unis bords à bords en un ovaire uniloculaire, tandis que les dernières auraient en général les carpelles indépendants et uniloculaires, et seraient par là même aux Cistacées ce que sont les Illiciées aux Canellées, les Anonées aux Monodorées, les Astrocarpées aux Résédées, etc. Les fausses-grappes des *Helianthemum*, comparées aux inflorescences unilatérales de certains *Hibbertia*, compléteraient singulièrement l'analogie entre les deux groupes. D'autre part, les Cistacées ont été placées, par la plupart des auteurs, au voisinage des Capparidacées, des Résédacées, des Bixacées. Elles n'ont le port, la corolle, les ovules anatropes ou campylotropes, les graines, ni des unes ni des autres. On ne peut toutefois les distinguer absolument par la présence d'un albumen de toutes les Capparidacées, puisque certaines de celles-ci en sont également pourvues. Mais dans les Cistacées, il est ou farineux, ou presque cartilagineux. L'orthotropie des graines et la courbure bien plus prononcée de l'embryon, souvent convoluté, condupliqué, a servi d'ailleurs à distinguer les Cistes des Bixacées. Ces dernières ont quelquefois un calice à sépales inégaux, avec deux petites folioles bractéiformes et extérieures, comme il arrive dans tant d'Hélianthèmes : tels sont les *Ryania*, qui sont d'ailleurs dépourvus de pétales. Les Violacées passent avec raison pour très-voisines des Cistacées ; mais elles ont, ou des fleurs irrégulières, ou, dans le cas de régularité de la corolle, un nombre défini d'étamines et des ovules ou des graines d'un tout autre caractère. Les Canellées polypétales ont presque l'organisation des Cistacées, quant au périanthe et à la placentation ; mais leurs étamines monadelphes, leur fruit charnu et leurs graines anatropes, sont totalement différents. Il y a encore des ressemblances analogues entre les Luxemburgiées et les Cistacées ; mais les premières ont un feuillage caractéristique, un gynécée excentrique et aussi des ovules anatropes. On pourrait dire, en somme, que les Cistacées, forme syncarpée des Dilléniacées (?), sont intermédiaires d'autre part aux Bixacées et aux Violacées. Les Turnérées, que nous avons d'ailleurs rapprochées des Bixacées, sont aussi très-analogues aux Cistacées par leur corolle, leur mode de placentation, leur fruit capsulaire ; elles s'en distinguent surtout par le nombre défini de leurs étamines et souvent aussi, mais non constamment, par le mode d'insertion de ces dernières.

Bien peu d'espèces donnent des produits utiles. Les plus célèbres sont celles qui sécrètent le *ladanum* ou *labdanum*, substance résineuse, balsamique, à odeur forte, plus ou moins analogue à celle de l'ambre gris, à saveur un peu amère et aromatique, et qu'on recherchait beaucoup autrefois comme stimulant, résolutif, antiulcéreux, anticatarrhal, emménagogue. Il venait primitivement de l'île de Crète où on le récoltait d'abord en peignant la barbe des chèvres qui broutent les feuilles des *Cistus*, notamment celles du *C. creticus* [1] (fig. 344); il y est sécrété par des poils formés de cellules nombreuses superposées, à la surface desquelles on le voit porté à l'état de gouttelettes fluides [2]. On le récolte aujourd'hui en promenant sur les Cistes une sorte de martinet, formé de lanières de cuir disposées au sommet d'un manche commun, à la façon des dents d'un râteau ou d'un peigne [3]. Ces lanières sont ensuite raclées avec un couteau, et la résine est renfermée dans des vessies, où sa consistance augmente. Elle y devient souvent poisseuse, d'un brun noirâtre; peu à peu elle perd de l'eau et devient plus légère, plus cassante, plus grisâtre. Elle est rarement pure dans le commerce, et plus ordinairement falsifiée avec des résines ordinaires, ou mélangée de sable et de terre [4]; ce qui fait qu'elle n'est qu'en partie, au lieu d'être en totalité, soluble dans l'alcool. Aussi est-elle presque abandonnée par les médecins, quoiqu'elle fût autrefois considérée comme un remède puissant; elle ne sert plus guère qu'aux parfumeurs pour la préparation de certains cosmétiques. Il y a un autre *ladanum* qui vient d'Espagne; on le dit obtenu par ébullition dans l'eau des sommités du *C. ladaniferus* [5]; il est noirâtre, comme de la poix ou du storax [6]. Les Hélianthèmes, notamment l'*H. vulgare* [7], passent pour astringents et vulnéraires.

1. L., *Spec.*, 737. — Jacq., *Ic. rar.*, I, t. 95. — DC., *Prodr.*, I, 264, n. 6. — Nees, *Pl. med.*, II, t. 426. — Mér. et Del., *Dict. Mat. méd.*, II, 299; IV, 17. — A. Rich., *Elém.*, éd. 4, II, 377, t. 79. — Guib., *Drog. simpl.*, éd. 6, III, 666. — Lindl., *Fl. med.*, 131; *Veg. Kingd.*, 350.—Rév., in *Fl. méd. du* xixe *siècle*, I, 349, t. 33. — Pereira, *Elem. Mat. med.*, ed. 4, II, p. II, 575. — Endl., *Enchirid.*, 467. — Rosenth., *Syn. pl. diaph.*, 655. — *C. vulgaris* Spach, in *Ann. sc. nat.*, sér. 2, VI, 368.

2. Ung. et Kotsch., *Die ins. Cypern*, cap. VI. Les auteurs vont jusqu'à penser que c'est le Ciste qui a donné son nom à l'île de Chypre (ex anal., in *Bull. Soc. bot. de Fr.*, XII, Bibl., 35).

3. T., *Voy. au Levant*, I, 84.

4. Tel devait être celui qu'analysait Pelletier (in *Bull. pharm.*, IV, 503).

5. L., *Spec.*, 737. — DC., *Prodr.*, I, 266, n. 27. — Nees, *loc. cit.*, t. 425. — *Ladanium officinarum* Spach, *loc. cit.*, 367. — *Ledon* Clus., *Hist.*, I, 78, ic. (ex DC.).

6. Guib., *loc. cit.* On cite encore comme produisant du *ladanum* : en Espagne, les *C. cyprius* Lamk, *laurifolius* L. et *Ledon* Lamk; en Grèce, le *C. monspeliensis* L. (fig. 345). Le *ladanum* spiralé ou *in tortis* des pharm. est ordinairement totalement falsifié. Le *C. villosus* L., qui sert en Grèce à préparer des infusions théiformes et médicamenteuses est le *Cistus mas* des anciens. Leur *C. fœmina* était le *C. salvifolius* L.

7. Gærtn., *Fruct.*, I, 374, t. 76. — Dun., in *DC. Prodr.*, I, 280, n. 85. — Rosenth., *op. cit.*, 657 (*Herba Helianthemi s. Chamæcysti vulgaris* Off.). — *H. variabile* Spach, *loc. cit.*, 362.—L'*H. canadense* Michx s'emploie comme dépuratif et antiscrofuleux.

GENERA

1. **Cistus** T. — Flores regulares, plerumque hermaphroditi; receptaculo convexiusculo. Sepala 5, v. rarius 3, inæqualia; exterioribus 2, sæpe multo minoribus; interioribus 3, sæpius convolutis; præfloratione sæpius imbricata. Petala 5, sepalis plus minus opposita v. nunc alterna, brevissime unguiculata, imbricata v. sæpius torta, fugacissima. Stamina ∞, hypogyna; filamentis liberis, exterioribus nunc anantheris; antheris 2-locularibus; loculis longitudinaliter introrsum v. lateraliter dehiscentibus. Germen liberum sessile, 1-loculare; septis parietalibus 3 v. 5, alternipetalis, rarius 6–12, plus minus prominentibus, nunc intus contiguis; stylo simplici brevissimo v. subnullo, nunc cylindrico elongato, apice dilatato in lobos breves (septorum apices) plus minus conspicuos stigmatosos diviso; ovulis in placentis singulis 2, v. sæpius ∞, funiculis sæpe longis porrectis; orthotropis v. rarissime funiculo plus minus adnato subanatropis. Capsula ab apice plus minus alte in valvas placentis numero æquales easque medio intus gerentes dehiscens. Semina ∞; testa crustacea (sæpius humectata extus mucilaginosa); albumine farinaceo v. subcartilagineo; embryone subcentrali et sæpius excentrico, curvato, convoluto, 2-plicato v. conduplicato, rarius subrecto; cotyledonibus planis v. semiteretibus; radicula ab hilo remota v. rarius (funiculo adnato) plus minus propinqua. — Herbæ, suffrutices v. frutices; foliis oppositis vel nunc alternis, simplicibus, subintegris; stipulis 0, vel parvis, nunc foliaceis; floribus solitariis terminalibus v. spurie racemosis (cymosis) secundis. (*Europa mer. et medit., Africa medit. et Asia austro-occ.*) — *Vid. p.* 323.

2. **Helianthemum** T. — Flores fere *Cisti*, nunc 2-morphi; sepalis 3-5. Petala 5, v. rarius 3, nunc 0. Stamina ∞, exteriora nunc sterilia

(*Fumana*). Germen 3-merum ; placentis v. semiseptis 3 ; stylo sæpe articulato, forma longitudineque vario, apice stigmatoso capitato v. cristato-3-lobo. Capsula 3-valvis. Semina ∞ ; embryone uncinato, 2-plicato v. circumflexo. — Herbæ v. suffrutices, sæpe basi decumbentes ; foliis alternis v. oppositis, stipulaceis v. exstipulaceis ; floribus cymosis, nunc sæpius abortu 1-paris, spurie racemosis v. rarius umbelliformibus. (*Europa*, *Africa bor. et ins. occ., Asia occ., America utraque temp.*) — *Vid. p.* 325.

3. **Hudsonia** L. — Flores fere *Helianthemi ;* petalis 5, fugacissimis. Stamina 3. Placentæ 3, 2-ovulatæ. Capsula calyce connivente inclusa, 3-valvis. Semina 1, v. pauca ; embryone gracili uncinato-circinato. — Suffrutices v. fruticuli (ericoidei) cæspitosi ; foliis parvis acerosis, imbricatis ; floribus parvis. (*America bor.*) — *Vid. p.* 327.

4. **Lechea** L. — Flores 2-morphi ; petalis in fertilibus 3, parvis angustis. Stamina pauca. Germinis placentæ 3, 2-ovulatæ ; stylo sæpius brevi, apice stigmatoso fimbriato, 3-mero. Capsula 3-valvis ; valvis a placentis v. semiseptis demum solutis ; membranaceis v. firmioribus (*Lecheoides*) ; seminibus paucis ; embryone subcentrali, rectiusculo v. subspirali. — Herbæ v. suffrutices tenues multicaules ; floribus minimis. (*America bor.*) — *Vid. p.* 327.

XXXIII

VIOLACÉES

I. SÉRIE DES PAYPAYROLA.

Les Violettes (fig. 352, 363-369), qui ont donné leur nom à cette famille, n'en sont cependant pas le type régulier. Celui-ci se trouve dans les *Paypayrola* [1] (fig. 353-355), qui, sur un réceptacle convexe, ont un calice pentamère, imbriqué, et cinq pétales alternes, à peu près égaux

Fig. 352. Port.

entre eux, également imbriqués dans le bouton. Dans leur portion inférieure, ils sont, sans adhérence, rapprochés en un tube au delà duquel leurs limbes s'étalent plus ou moins largement. Leurs étamines, au nombre de cinq, alternes avec les pétales, ont des filets unis en un tube court, et des anthères biloculaires, introrses, déhiscentes par deux

1. Aubl., *Guian.*, I, 249, t. 99. — J., *Gen.*, 427. — Poir., *Dict.* V, 118; Suppl., IV, 337. — Lamk, *Ill.*, t. 125. — Tul., in *Ann. sc. nat.*, sér. 3, VII, 368. — B. H., *Gen.*, 118, n. 9. — *Wibelia* Pers., *Syn.*, 210. — Spreng., *Syst.*, I, 794 (nec Bernh., nec Hopp.). — *Periclistia* Benth., in *Hook. Journ.*, IV, 108.

fentes longitudinales. Le gynécée est supère ; il se compose d'un ovaire uniloculaire, surmonté d'un style dont le sommet renflé est stigmatifère.

Paypayrola guianensis.

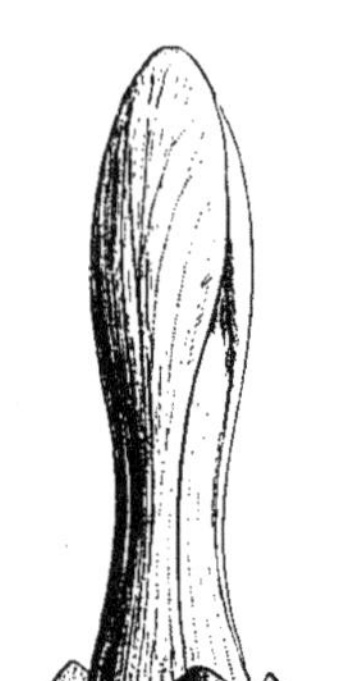

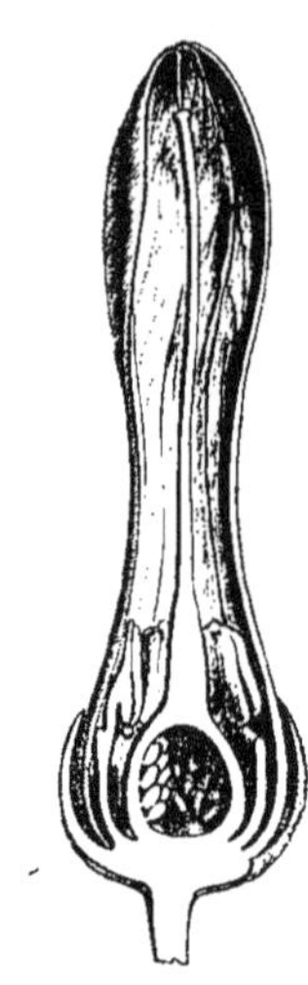

Fig. 353. Fleur ($\frac{2}{1}$).   Fig. 355. Fleur, sans le périanthe.   Fig. 354. Fleur, coupe longitudinale.

Dans la loge ovarienne se voient trois placentas pariétaux, dont deux antérieurs, supportant chacun un nombre variable d'ovules anatropes [1].

Amphirrox longifolia.

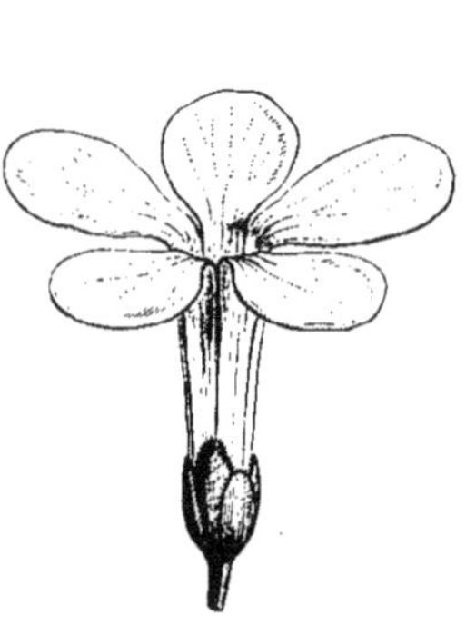

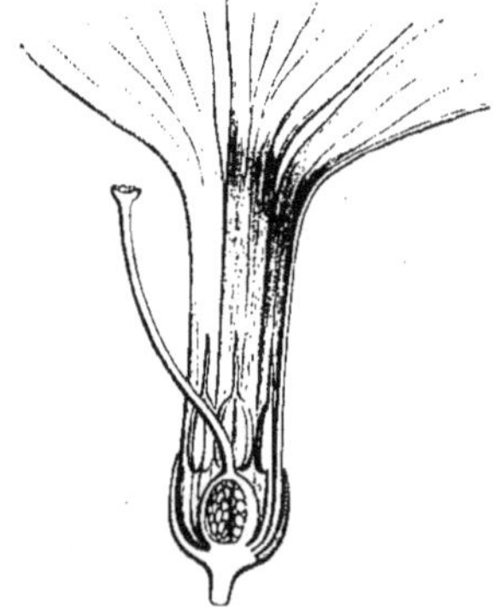

Fig. 356. Fleur ($\frac{2}{1}$).   Fig. 357. Fleur, coupe longitudinale ($\frac{1}{1}$).

Le fruit est une capsule trivalve qui s'ouvre avec élasticité dans l'intervalle des placentas, et dont l'endocarpe cartilagineux [2] se sépare en même

1. A double tégument.   2. Aminci, tranchant sur les bords.

temps de l'exocarpe. Le milieu de chaque valve porte des graines arrondies, dont les téguments recouvrent un embryon entouré d'un albumen charnu. Ce sont des arbres de l'Amérique tropicale ; on en connaît quatre ou cinq espèces [1]. Leurs feuilles sont alternes, simples, entières, accompagnées de deux stipules latérales ; leurs fleurs sont disposées en épis ou en grappes, au sommet des rameaux ou à l'aisselle des feuilles.

Les *Amphirrox* (fig. 356, 357) ne diffèrent des *Paypayrola* que par leurs étamines, dont les filets sont libres et dont les anthères sont surmontées d'un prolongement aigu du connectif. Les *Isodendrion*, arbustes des îles Sandwich, ont les étamines libres des *Amphirrox* et les anthères non apiculées des *Paypayrola*. Le sommet stigmatifère de leur style se déjette de côté, au lieu d'être terminal ; leurs placentas supportent chacun deux ou quatre ovules, et leur péricarpe ne se dédouble pas à sa maturité,

Les *Rinorea* (fig. 358-362) peuvent être considérés comme le type d'une sous-série distincte, parce que leur corolle, régulière ou un peu

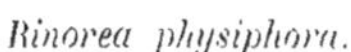

Rinorea physiphora.

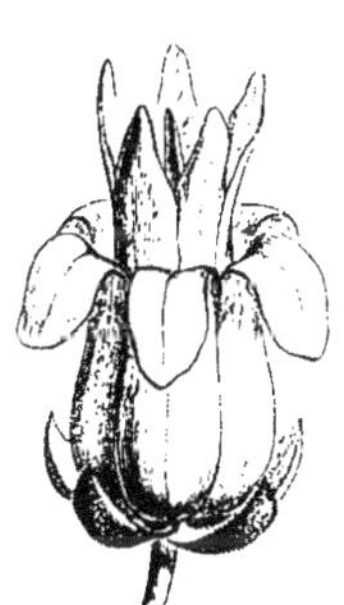

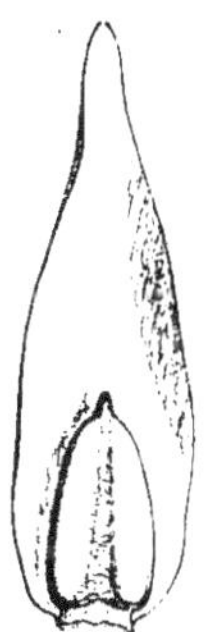

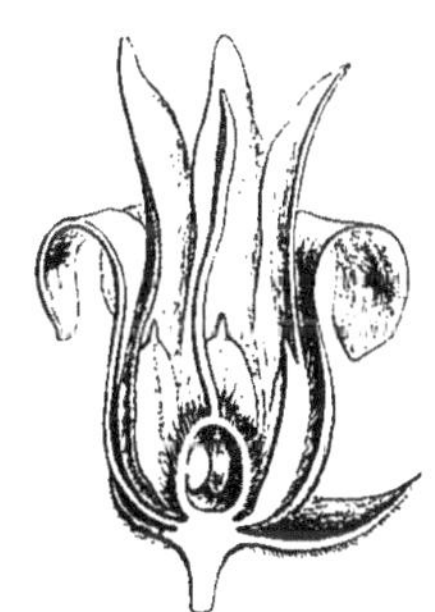

Fig. 358. Fleur ($\frac{5}{1}$).   Fig. 360. Étamine, face interne.   Fig. 359. Fleur, coupe longitudinale.

irrégulière, est formée de pétales bien distincts jusqu'à leur base et n'adhérant pas entre eux à ce niveau. Leurs étamines sont libres ou unies dans une étendue variable de leurs filets ; leur dos est tantôt nu, et tantôt appendiculé ; et leur connectif se prolonge au-dessus des loges de l'anthère en une lame de forme variable. Sur chacun de ses trois placentas pariétaux s'insèrent un ou plusieurs ovules ; et leur fruit est une capsule trivalve, à graines lisses ou garnies d'un duvet cotonneux.

Dans un *Rinorea* de Ceylan, distingué comme genre, sous le nom de *Scyphellandra*, les fleurs, très-petites, ont une sorte de disque représenté par cinq écailles qui répondent chacune au dos d'une anthère.

1. Tul., *loc. cit.*, 370 ; XI, 153. — Walp., *Rep.*, V, 407 ; *Ann.*, I, 60 ; II, 67.

Les *Glœospermum*, que nous n'avons pu séparer qu'à titre de section des *Rinorea*, ont un fruit plus ou moins charnu en dehors et qui est peut-être indéhiscent à sa maturité. Leurs graines sont enduites extérieurement d'une couche visqueuse de cellules qui, dans les *Rinorea* de la section *Lasiospermum*, se transforment en poils laineux, le péricarpe étant d'ailleurs, dans cette section, de la même consistance que celui des *Glœospermum*.

Rinorea physiphora.

Fig. 361. Étamine, coupe transversale ⁺

Fig. 362. Fruit (³).

Les *Leonia* ont pour fruit une baie, et des fleurs analogues à celles des *Rinorea;* mais leurs étamines monadelphes sont dépourvues de tout prolongement apical du connectif.

A côté des *Leonia* se placent les deux genres *Melicytus* et *Hymenanthera*, qui sont très-voisins les uns des autres, et dont les fleurs polygames, régulières et pentamères sont remarquables par leurs anthères surmontées d'un prolongement du connectif et doublées en dehors d'une languette qui s'attache plus ou moins bas sur son dos. Le fruit est une baie indéhiscente dans les *Melicytus* et les *Hymenanthera*, qui se distinguent les uns des autres : les premiers, par des anthères presque sessiles et trois placentas uni- ou pluriovulés ; les derniers, par des filets courts et monadelphes, et deux placentas uniovulés.

II. SÉRIE DES VIOLETTES.

Le genre Violette [1] (fig. 352, 363-369), dont plusieurs espèces sont si connues dans nos pays, la Pensée [2], par exemple, ou la V. odorante [3], renferme des plantes à fleurs hermaphrodites, irrégulières et à réceptacle convexe. Leur calice est formé de cinq sépales, presque égaux entre eux, prolongés inférieurement, au-dessous de leur insertion, en une sorte de

1. *Viola* T., *Inst.*, 419, t. 236. — L., *Gen.*, n. 1007 (part.).— ADANS., *Fam. des pl.*, II, 389. — J., *Gen.*, 294. — GÆRTN., *Fruct.*, II, 139, t. 112. — POIR., *Dict.*, VIII, 623; Suppl., V, 482. —LAMK, *Ill.*, t. 725.—GING., in *Mém. Soc. Hist. nat. Gen.*, II, t. 1; in *DC. Prodr.*, I, 291. — SPACH, *Suit. à Buffon*, V, 501.— ENDL., *Gen.*, n. 5040. —PAYER, *Organog.*, 177, t. 37; *Fam. nat.*, 107. — A. GRAY, *Gen. ill.*, t. 80. — B. H., *Gen.*, 117,

970, n. 5.— *Erpetion* DC., ex SWEET, *Bril. fl. Gard.*, t. 170. — *Chrysion* SPACH, *loc. cit.*, 509. — *Mnemion* SPACH, *loc. cit.*, 510. — *Lophion* SPACH, *loc. cit.*, 516.

2. *V. tricolor* L., *Spec*, 1326. — DC., *Fl. fr.*, IV, 808 ; *Prodr.*, *loc. cit.*, 303, n. 81. — GREN. et GODR., *Fl. de Fr.*, I, 182

3. *V. odorata* L., *Spec.*, 1324.—DC , *Prodr.*, 296, n. 29. — SM., *Fl. bril.*, 245. — *V. suavis* BIEB.; *Fl. taur.-cauc.*, Suppl., 164.

lame membraneuse. Deux d'entre eux sont antérieurs, deux latéraux, et le cinquième, postérieur, et ils sont disposés dans le bouton en préfloraison quinconciale. La corolle, fort irrégulière, est polypétale et ses pièces sont de trois sortes. Les deux postérieures sont d'une première sorte,

Viola odorata.

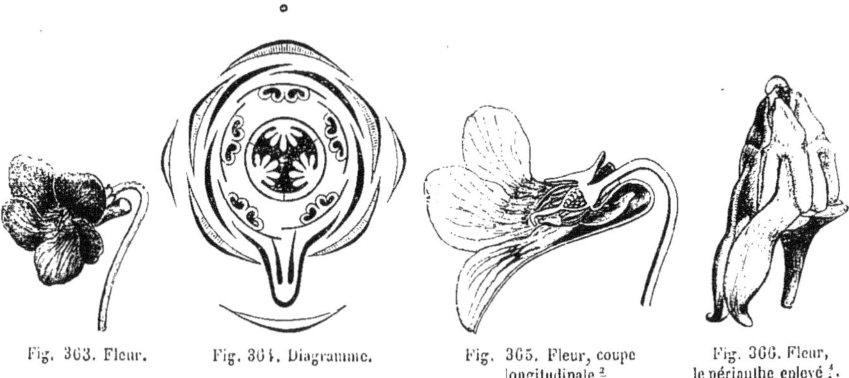

Fig. 363. Fleur.   Fig. 364. Diagramme.   Fig. 365. Fleur, coupe longitudinale $\frac{2}{1}$.   Fig. 366. Fleur, le périanthe enlevé $\frac{4}{1}$.

symétriques l'une à l'autre, d'une forme et souvent d'une couleur [1] qui ne sont pas celles des pétales latéraux. Ceux-ci, recouverts par les deux sépales postérieurs dans la préfloraison, sont de même symétriques l'un à l'autre ; ils enveloppent dans le bouton le sépale antérieur qui est seul régulier, formé de deux moitiés égales, et qui, au lieu d'être aplati, comme les quatre autres, dans toute son étendue, se dilate un peu au-dessus de son insertion en un éperon creux, plus ou moins large et plus ou moins arqué, et qui fait saillie dans l'intervalle des deux sépales antérieurs (fig. 364). L'androcée est formé de cinq étamines alternipétales. Toutes sont composées d'une même anthère biloculaire, introrse, déhiscente par deux fentes longitudinales [2], surmontée d'un prolongement membraneux du connectif, et d'un filet très-court, large et aplati. Mais tandis que, dans les trois étamines postérieures, ce filet ne porte aucune saillie, dans les deux autres étamines son bord antérieur se dilate en une sorte d'éperon plein, glanduleux à son sommet, et qui descend dans l'intérieur de l'éperon du pétale antérieur [3]. Le gynécée est

1. Ordinairement plus foncée que celle des autres pétales et d'une teinte unie, tandis que les pétales latéraux et antérieurs, souvent plus pâles, de même couleur les uns que les autres, ou de teintes un peu différentes, sont fréquemment encore tachetés de pourpre plus ou moins sombre sur un fond clair, blanchâtre ou jaune.

2. Le pollen est ou ellipsoïde, avec trois sillons, et dans l'eau, sphérique, déprimé, avec trois bandes sans papilles (*V. biflora, odorata*), ou en forme de prismes quadrangulaires ou pentagonaux (*V. tricolor*), « avec des plis sur les arêtes, transparents; dans l'eau, ellipsoïde, aplati, avec quatre ou cinq bandes, sur lesquelles sont de grosses papilles » (H. Mohl, in *Ann. sc. nat.*, sér. 2, III, 329).

3. De sorte que ce dernier reçoit le nectar sécrété en petite quantité par la portion glanduleuse des éperons des deux étamines alternes avec le pétale antérieur.

libre et supère ; il se compose d'un ovaire uniloculaire, surmonté d'un style dont le sommet se dilate en une sorte de sac ou de poche, de forme variable, suivant les espèces. Au côté antérieur de cette dilatation se trouve une ouverture plus ou moins large, qui conduit dans une cavité tapissée de tissu stigmatique. L'ovaire renferme trois placentas pariétaux et multiovulés, dont deux sont antérieurs, et le troisième postérieur. Les

Viola tricolor.

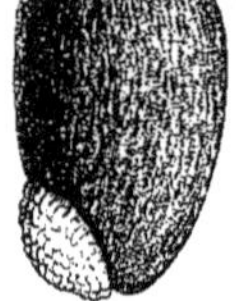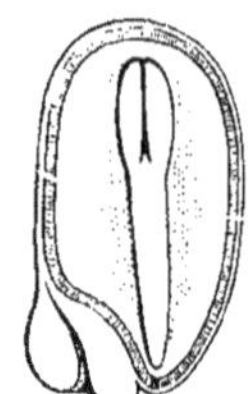

Fig. 368. Graine ♁.   Fig. 367. Fruit déhiscent.   Fig. 369. Graine, coupe longitudinale.

ovules, anatropes [1], sont disposés sur plusieurs rangées, leur micropyle étant ramené contre le placenta. Le fruit, capsulaire, ordinairement accompagné à sa base du calice desséché, s'ouvre élastiquement, à sa maturité, en trois panneaux, portant sur le milieu de leur face interne un nombre indéfini de graines [2]. Celles-ci sont pourvues d'une petite dilatation arillaire, née principalement du hile [3], et renferment sous leurs téguments [4] un albumen charnu, dont l'axe est occupé par un embryon allongé et rectiligne [5]. Il y a une centaine d'espèces [6] de ce genre, quoi-

1. Ils ont deux enveloppes.

2. Dans plusieurs espèces, il n'y a de fruits fertiles que dans certaines fleurs qui se produisent en été ou en automne, peu visibles, apétales ou cryptopétales ; tandis que les fleurs du printemps, dont la corolle est bien développée et brillante, y ont ordinairement des fruits stériles.

3. L'arille du *V. tricolor* commence par un léger épaississement, à peu près circulaire, du pourtour du hile, et il en est de même dans les autres espèces. Le bourrelet, formé de cellules charnues, turgides, blanchâtres, qui se produit ainsi, s'étend ensuite davantage du côté du raphé et gagne celui-ci dans une longueur variable, suivant les espèces. De ce côté, il s'atténue souvent en pointe. Dans le *V. odorata*, cet épaississement s'allonge ensuite en cône, à cellules molles, étirées, du côté du placenta et du funicule qui s'y trouve comme enchâssé. Dans plusieurs espèces, l'hypertrophie cellulaire gagne un peu du côté du micropyle, et celui-ci se trouve

définitivement effacé et comme perdu dans le bord de l'arille dont il est recouvert. Les cellules arillaires ont une grande élasticité qui contribue, avec celle des valves du fruit, à la projection des graines mûres.

4. Il y en a trois, savoir : l'enveloppe moyenne, testacée ou crustacée, et les deux autres, minces, molles et blanchâtres. L'épaississement arillaire se produit aux dépens d'une portion des cellules du tégument extérieur.

5. Souvent verdâtre.

6. Cav., *Icon.*, t. 529, 531. — H. B. K., *Nov. gen. et spec.*, t. 492, 493. — Reichb., *Ic. Fl. germ.*, III, t. 1-23 *bis*. — A. S. H., *Pl. rem. Brés.*, 275, t. 26 ; *Fl. Bras. mer.*, II, 135. — Wight, *Ill.*, t. 18. — Wight et Arn., *Prodr.*, I, 31. — Royle, *Ill. himal.*, t. 18. — Hook. f. et Thoms., *Fl. brit. Ind.*, I, 182. — Poepp. et Endl., *Nov. gen. et spec.*, t 165, 166. — C. Gay, *Fl. chil.*, I, 205. — Tr. et Pl., in *Ann. sc. nat.*, sér. 4, XVII, 119. —

qu'on en ait décrit plus du double. Ce sont des herbes, rarement frutescentes, dont les deux tiers à peu près appartiennent aux régions tempérées de l'hémisphère boréal. Les autres se rencontrent dans les parties montueuses de l'Amérique méridionale, en Australie, à la Nouvelle-Zélande et dans l'Afrique australe. Leurs feuilles sont alternes, entières ou plus ou moins découpées, accompagnées de deux stipules latérales, ordinairement foliacées, larges, à lame souvent profondément divisée. Les fleurs sont axillaires, pédonculées, généralement solitaires, avec deux ou trois bractéoles insérées à une hauteur variable du pédoncule [1].

A côté des Violettes se placent quelques genres qui ont tous à peu près la même corolle, avec une dilatation de taille variable au-dessus de la base du pétale inférieur. Ils ne diffèrent les uns des autres que par des caractères de peu de valeur, tels que la présence ou l'absence d'un prolongement au-dessous de l'insertion des sépales, la forme et la consistance du fruit capsulaire, la configuration du style et des graines, la consistance des tiges et le mode d'inflorescence [2]. Ce sont les genres *Hybanthus*, *Agation*, *Schweiggeria*, *Anchietea*, *Noisettia* et *Corynostylis*.

III. SÉRIE DES SAUVAGESIA.

Les fleurs des *Sauvagesia* [3] (fig. 370-375) sont hermaphrodites et régulières. Sur leur réceptacle conique s'insèrent cinq sépales imbriqués en quinconce, et cinq pétales alternes, égaux, disposés dans le bouton en préfloraison tordue. L'androcée est formé de dix étamines, savoir : cinq superposées aux sépales, fertiles, formées chacune d'un filet libre, court, et d'une anthère biloculaire, extrorse ou déhiscente sur ses bords

GRISEB., *Fl. brit. W.-Ind.*, 26. — CHAPM., *Fl. S. Unit. St.*, 33.—A. GRAY, *Man.*, ed. 5, 76 ; *Unit. St. expl. Exp.*, *Bot.*, I, 83.—BENTH., *Fl. austral.*, I, 98. — HOOK. F., *Handb. New. Zeal. Fl.*, 16. — BOISS., *Fl.*, *or.* I, 450. — HARV. et SOND., *Fl. cap.*, I, 73. — OLIV., *Fl. trop. Afr.*, I, 105. — TUL., in *Ann.*, *sc. nat.*, sér. 5, IX, 299. — TR. et PL., in *Ann. sc. nat.*, sér. 4, XVII, 119. — MIQ., *Fl. sum.*, 159. — OUDEM., *Viol.*, 7. — THW., *Cat. pl. Zeyl.*, 20. — GREN. et GODR., *Fl. de Fr.*, I, 175.— WALP., *Rep.*, I, 213 ; II, 766 ; V, 59 ; *Ann.*, I, 65 ; II, 65 ; IV, 232 ; VII, 309.

1. DE GINGINS a partagé le genre en cinq sections, fondées principalement sur la forme du style : 1. *Nominium ;* 2. *Dischidium* (gen. *Chrysion* SPACH); 3. *Chamæmelanium* (gen. *Lophium* SPACH); 4. *Melanium* (*Jacea* DC.; — Gen. *Mnemion* SPACH); 5. *Leptidium*.

2. Pour ces différences, qu'il serait superflu de reproduire deux fois, voyez le *Genera*, pp. 411-414.

3. L., *Gen.*, n. 286. — J., *Gen.*, 426. — DC., *Prodr.*, I, 315. — A. S. H., in *Mém. Mus.*, XI, 11, t. 6, 7. — ENDL., *Gen.*, n. 5050.— PAYER, *Fam. nat.*, 91. — B. H., *Gen.*, 120, n. 18. — SCHNIZL., *Iconogr.*, fasc. 14, t. 191 — *Sauvagea* NECK., *Elem.*, n. 1118.— ADANS., *Fam. des pl.*, II, 449. — *Irion* P. BR., *Jam.*, 179, t. 12, fig. 3.

par deux fentes longitudinales, et cinq oppositipétales, transformées en lames pétaloïdes, tordues dans le bouton et formant, par leur ensemble, comme une seconde corolle intérieure [1]. Entre l'androcée ainsi constitué et le périanthe, se voient ordinairement un grand nombre de languettes

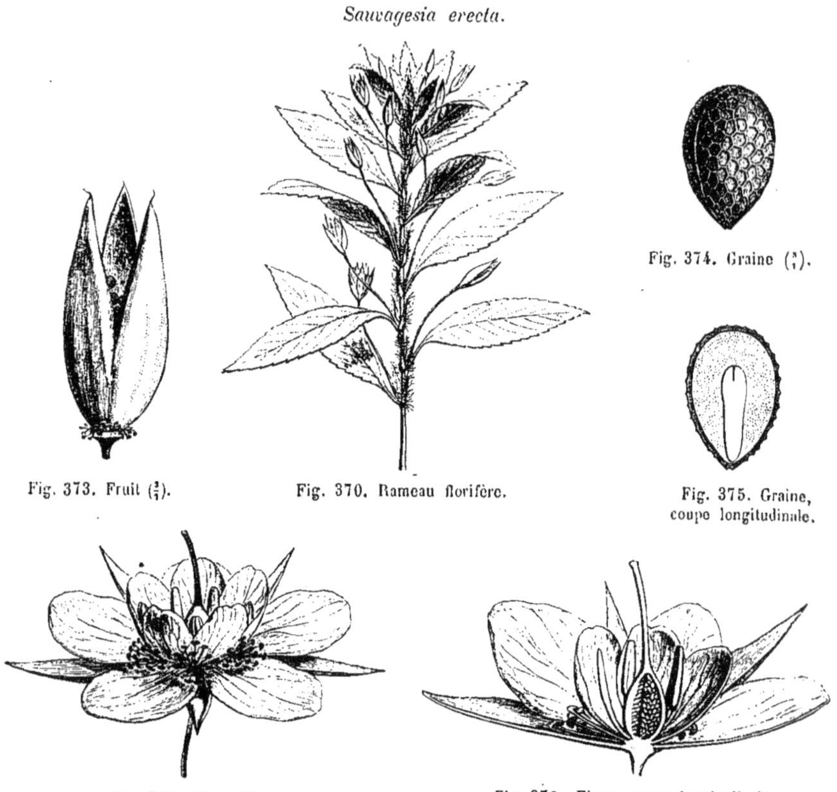

Fig. 373. Fruit (²⁄₁). — Fig. 370. Rameau florifère. — Fig. 374. Graine (⁷⁄₁). — Fig. 375. Graine, coupe longitudinale. — Fig. 371. Fleur (²⁄₁). — Fig 372. Fleur, coupe longitudinale.

à extrémité souvent renflée en glande, et que l'on a considérées comme les éléments d'un disque [2]. Le gynécée est libre, supère ; il se compose d'un ovaire uniloculaire, surmonté d'un style dont l'extrémité renflée est chargée de papilles stigmatiques. Dans l'ovaire se voient trois placentas pariétaux, dont deux postérieurs, qui portent chacun un nombre indéfini d'ovules ascendants, anatropes, à micropyle inférieur et inté-

---

1. Pour Payer (*loc. cit.*), « cette seconde corolle n'est ... qu'un disque tout à fait analogue au disque frangé ou non frangé des Passiflores. »

2. La forme de la glande terminale, rappelant beaucoup celle d'une anthère stérile dans certaines espèces, il est possible que ces languettes, comparées souvent aux glandes stipi-

técs et ramifiées des *Parnassia*, ne soient autre chose que les staminodes extérieurs d'une phalange dont les lames pétaloïdes intérieures feraient aussi partie et ne se distingueraient des staminodes extérieurs que par leur forme et leur consistance pétaloïdes. Les baguettes glanduleuses ont parfois leur sommet partagé en deux loges (?) rudimentaires.

rieur [1]. Le fruit est une capsule dont la déhiscence s'opère suivant la
ligne médiane des placentas; de sorte que les trois valves de ce fruit,
superposés aux sépales 1, 2 et 3, portent sur leurs bords les graines.
Leurs téguments recouvrent un albumen charnu; qui enveloppe un
embryon axile, à radicule cylindrique, plus longue que les cotylédons.
On admet une dizaine d'espèces [2] de *Sauvagesia*. Ce sont des herbes
glabres, parfois suffrutescentes à la base. Leurs feuilles sont alternes,
simples, entières ou serrulées sur les bords, accompagnées de deux stipules latérales, pectinées-ciliées. Leurs fleurs, élégantes [3], sont axillaires
et solitaires, ou rapprochées en grappes terminales. Toutes sont originaires des portions chaudes de l'Amérique; cependant le *S. erecta* se
trouve encore dans toutes les régions tropicales de l'ancien monde.

A côté des *Sauvagesia* se placent deux types très-analogues, de l'archipel indien, qui ne devraient peut-être pas en être distingués généri-

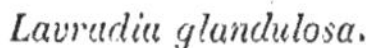

Lavradia glandulosa.

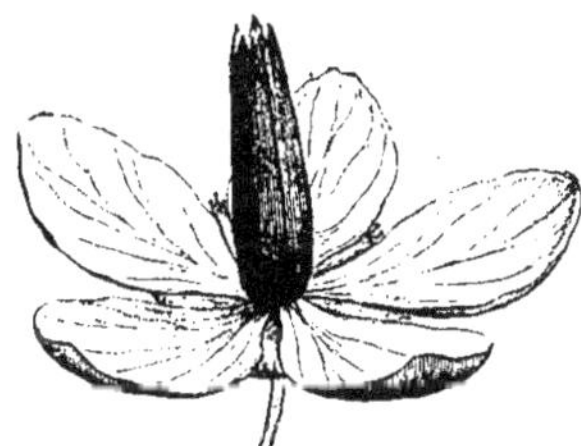

Fig. 376. Fleur (¹⁄₁).

Fig. 377. Fleur, coupe longitudinale.

quement; ce sont : les *Schuurmansia*, dont les étamines oppositipétales
sont représentées chacune par un filet linéaire ou subulé, à peine plus
grand que les languettes nombreuses du disque dont ils affectent à peu
près la forme ; et les *Neckia*, qui, outre ces languettes, ont une dizaine
de staminodes claviformes, unis inférieurement en tube avec les étamines fertiles. Quant aux *Lavradia* (fig. 376, 377), tous américains, ils
ont cinq étamines fertiles, et autour d'elles, une sorte de disque (staminodes?) en forme de tube cylindro-conique, qui les enveloppe totalement
et dont le sommet est entier, ou découpé en cinq ou dix petites dents.

---

1. Ils ont deux enveloppes.
2. JACQ. , *Amer.*, 77, t. 51. — AUBL.,
Guian., t. 100. — A. S. H., *Pl. rem. Brés.*,
58, t. 1-4; *Fl. Bras. mer.*, II, 109. — MART.
et ZUCC., *Nov. gen. et spec.*, I, 34, t. 24, 25.
—A. GRAY, *Unit. St. expl. Exp., Bot.*, I, 97.—

GRISEB., *Fl. brit. W.-Ind.*, 26. — SEEM., *Voy.
Her., Bot.*, 80. — TR. et PL., in *Ann. sc. nat.*,
sér. 4, XVII, 275. — TUL., in *Ann. sc. nat.*,
sér. 5, IX, 320. — WALP., *Rep.*, I, 225 ; II,
767; *Ann.*, II, 68; IV, 236; VII, 220
3. Blanches, rosées ou violacées.

Cette petite famille fut distinguée, en 1805, sous le nom de Violariées, par A. P. De Candolle [1]. Avant lui, les *Viola* avaient été rangés par Adanson [2] parmi les *Geranium*, et parmi les Cistes par A. L. de Jussieu [3]. Ce dernier connaissait les types à fleurs régulières, ou à peu près, de cette famille, tels que les *Rinorea, Conohoria, Paypayrola ;* mais il classait les deux premiers parmi les Berbéridées, et le dernier dans les *Genera incertæ sedis*. En 1824, De Candolle [4], tirant parti des recherches de de Gingins [5], réunit dans l'ordre des Violariées [6] les trois tribus des *Violeæ, Alsodineæ* et *Sauvageæ*, comprenant neuf des genres que nous avons conservés comme distincts : la première, les *Corynostylis* (*Calyptrion*), *Noisettia, Schweiggeria* (*Glossarrhen*), *Viola, Hybanthus* (*Pombalia, Ionidium, Pigea*) ; la deuxième, les *Rinorea* (*Conohoria, Rinorea, Alsodeia, Pentaloba, Ceranthera, Physiphora*), *Lavradia* et *Hymenanthera ;* la troisième, le seul genre *Sauvagesia*. Depuis lors, les genres anciens *Paypayrola* [7], *Amphirrox* [8], *Melicytus* [9], *Leonia* [10] ont été rapportés à cette famille. A. Saint-Hilaire établit, en 1824, le genre *Anchietea ;* Blume, le genre *Schuurmansia*, en 1849. Ultérieurement, le groupe des Sauvagésiées s'enrichit encore du type *Neckia* [11]; tandis que M. Asa Gray, instituant les deux genres *Agatea* (*Agation*) et *Isodendrion*, en 1854, porta à dix-huit le nombre de ceux que nous avons pu conserver dans cette famille. Ils renferment environ deux cent cinquante espèces, dont les deux cinquièmes environ appartiennent au genre *Viola*, et un troisième au genre *Hybanthus*. La série des Violées contient, en outre, une dizaine d'espèces, réparties entre ses cinq autres genres ; et celle des Sauvagésiées, une vingtaine d'espèces environ. Les autres espèces, au nombre de plus de soixante, se rapportent aux genres à fleurs régulières, ou à peu près, de la série des Paypayrolées. Dans celle-ci, les trois genres *Paypayrola, Amphirrox* et *Leonia* sont américains ; les trois genres *Isodendrion, Melicytus* et *Hymenanthera* ne se trouvent qu'en Océanie. Parmi les Sauvagésiées, les deux genres *Schuurmansia* et *Neckia* appartiennent à l'archipel indien ; les *Lavradia* et les *Sauvagesia*, sauf une seule espèce, sont confinés dans l'Amérique. Quant aux

1. *Fl. fr.*, IV, 801.
2. *Hist. des pl.*, II, 389.
3. *Gen.* (1789), 294.
4. *Prodr.*, I, 287, Ord. 16.
5. In *Mém. Soc. Hist. nat. Gen.*, II, 1.
6. *Violarieæ* Ging., *loc. cit.* — Bartl., *Ord. nat.*, 283. — Endl., *Gen.*, 908, Ord. 190. — B. H., *Gen.*, 114, Ord. 15. — *Violaceæ* J., in *Ann. Mus.*, XVIII. 475 — Lindl., *Syn.*, 35; *Introd.*, 46 ; *Veg. Kingd.*, 338, Ord. 116. — *Violeæ* R. Br., *Congo*, 440 ; *Misc. Works* (ed. Benn.), I, 122.
7. Aubl., *Guian.* (1775).
8. Spreng., *Syst.*, *Cur. post.* (1827).
9. Forst., *Char. gen.* (1776).
10. R. et Pav., *Fl. per.*, II (1798). — Endl. *Gen.*, 738 (? *Myrsineæ*).
11. Korth., in *Ned. Kruidk. Arch.*, I (1839.)

Violées, les deux grands genres *Viola* et *Hybanthus* se trouvent dans toutes les parties du monde ; mais les *Agation* sont tous océaniens ; et l'Amérique seule possède les genres *Anchietea*, *Schweiggeria*, *Corynostylis* et *Noisettia*. Quant aux caractères généraux des trois séries de cette famille, ils sont les suivants :

I. Paypayrolées. — Fleurs régulières ou peu irrégulières, à pétales libres, souvent rapprochés en tube. Androcée isostémone, sans staminodes. Capsule loculicide ou baie.

II. Violées. — Fleurs irrégulières, isostémones. Androcée irrégulier, sans staminodes. Capsule loculicide.

III. Sauvagésiées [1]. — Fleurs régulières. Corolle polypétale. Étamines fertiles en même nombre que les pétales. Staminodes intérieurs pétaloïdes, au nombre de cinq, libres ou unis en tube et accompagnés en dehors d'un nombre variable de staminodes étroits, glanduleux. Capsule septicide.

Par cette dernière série, les Violacées se rattachent intimement aux Ochnacées de la série des Luxemburgiées, dont nous verrons bientôt qu'il est très-difficile de les séparer nettement. D'autre part, ce n'est qu'à grand'peine qu'on distingue les Violacées régulières et à fruit charnu des Bixacées isostémones [2]. Le mode de placentation est le même ; mais les Violacées ne sont jamais périgynes, comme le sont la plupart des Bixacées à androcée isostémoné [3]. Les Cistacées diffèrent des Violacées régulières par la forme de leur embryon et par la direction fréquente de sa radicule par rapport au micropyle. C'est seulement par les genres à corolle irrégulière et à pétale antérieur prolongé en sac ou en éperon que les Violacées se distinguent avec une grande netteté des familles voisines [4].

Il y a cinq caractères constants dans cette famille : le type floral quinaire ; la présence de pétales libres, se recouvrant dans la préfloraison ; le nombre des étamines fertiles, égal à celui des pétales, avec lesquels elles alternent ; la placentation pariétale et l'albumen charnu des graines.

---

1. Bartl., *Ord. nat.*, 289. — Endl., *Gen.*, 912, Ord. 191. — *Sauvagea* DC., *loc. cit.* — *Sauvagesiaceæ* Mart., *Consp.*, n. 238 (1835). — Lindl., *Veg. Kingd.*, 343, Ord. 119.

2. Ainsi le *Tetrathylacium*, reporté par MM. Triana et Planchon parmi les Bixacées, avait été attribué aux Violacées par MM. Bentham et Hooker (*Gen.*, 119, n. 14). Le *Piparea*, syn. de *Guidonia*, a aussi été fréquemment rangé parmi les Violacées.

3. « *Violarieæ*, *Bixineis* arcte affines, imprimis andrœcio 5-mero, antheris introrsum adnatis sæpissime in annulum dispositis distinguendæ, pleræque flore plus minus irregulari, antheris appendiculatis, capsula elastica, etc., insignes. » (B. H., *Gen.*, 115.)

4. A. Saint-Hilaire a encore rapproché les Sauvagésiées des Frankéniées ; mais ce rapprochement n'a pas été généralement admis. « Tribus *Sauvagesiarum Frankeniaceis* accedit, sed facile sepalis liberis imbricatis, habitu aliisque notis distinguitur. » (B. H., *loc. cit.*)

Plusieurs traits d'organisation, pour n'être point constants, ne manquent toutefois que dans un très-petit nombre de cas : ce sont l'alternance des feuilles [1], la présence des stipules [2], le nombre indéfini des ovules [3], la consistance du fruit capsulaire [4]. Les autres caractères varient dans les différents genres qu'ils servent à distinguer les uns des autres.

Les propriétés [5] des plantes de cette famille sont assez homogènes. Leurs racines sont vomitives, à un faible degré dans les espèces européennes, à un degré assez prononcé dans les espèces de l'Amérique australe, pour qu'on les ait souvent employées comme Faux-Ipécacuanhas. La plus célèbre, à cet égard, est la plante qui donne le Faux-Ipécacuanha du Brésil et de la Guyane, médicament très-employé dans son pays natal aux mêmes usages [6] que les vrais Ipécacuanhas, auxquels on le substitue fréquemment ; cette espèce devra sans doute prendre le nom d'*Hybanthus Ipecacuanha* [7]. La racine de *Cuichunchilli* ou *Cuchunchully* du Pérou, autre vomitif puissant, appartient à une seconde espèce du même genre, l'*H. microphyllus* [8]. Les *H. scandens* [9], *Poaya* [10], *Maytensillo* [11], *lanatus* [12], *brevicaulis* [13], *urticæfolius* [14]. *strictus* [15], *verticil-*

1. Opposées dans quelques *Rinorea* et *Hybanthus*.

2. Les *Hymenanthera* en sont dépourvus.

3. Il n'y en a qu'un ou deux sur chaque placenta dans quelques *Rinorea*.

4. Il est plus ou moins charnu dans les *Leonia* et quelques *Rinorea* seulement.

5. ENDL., *Enchirid.*, 471. — LINDL., *Veg. Kingd.*, 339 ; *Fl. med.*, 97. — GUIB., *Drog. simpl.*, éd. 6, III, 662. — ROSENTH., *Syn. pl. diaphor.*, 658.

6. Évacuant, vomitif, purgatif, antidysentérique, etc.; il renferme de l'éméline.

7. *Viola Ipecacuanha* L., *Mantiss.*, 484 ; *Diss. de Viol. spec.*, 1 ; *Mat. med.*, 484. — *V. Itubu* AUBL., *Guian.*, II, 808, t. 318. — ? *V. diandra* L., *Syst. veg.*, 669. — *Pombalia Ipecacuanha* VANDELL., *Fasc.*, 7, t. 1. — *P. Itubu* GING., in *DC. Prodr.*, I, 307, n. 1. — *Ionidium Itubu* H. B. K., *Nov. gen. et spec.*, V, t. 496. — *I. Itoubou* VENT., ex GUIB., *op. cit.*, III, 99, fig. 589. — *I. Ipecacuanha* A. S. H., *Pl. us. Bras.*, n. 11 ; *Pl. rem.*, 307. — *Bot. Mag.*, t. 2453. — LINDL., *Fl. med.*, 98. — GUIB., *loc. cit.*, 97. — ROSENTH., *op. cit.*, 660. — PEREIRA, *Elem. Mat. med.*, ed. 4, II, p. II, 575. (Vulg. *Poaya branca*, *P. da Praja*, Brés.; *Ipekaka*, Guyane) Si le synonyme de *V. diandra* est exact, ce nom spécifique doit cependant être rejeté, vu le nombre réel des étamines. Le *V. Calceolaria* L. (*Ionidium Calceolaria* VENT.) se rapporte probablement à la même espèce, laquelle présente de nombreuses variétés.

8. *Ionidium microphyllum* H. B. K., *Nov. gen. et spec.*, V. 374, t. 425. — DC., *Prodr.*, I, 310, n. 21. — LINDL., *Fl. med.*, 98. — BANCR., in *Comp. to Bot. Mag.*, I, 278. Outre ses propriétés évacuantes, ce médicament passe dans l'Amérique tropicale pour guérir les affections cutanées rebelles, notamment cette sorte d'éléphantiasis de Quito que les Espagnols nomment *malo de San Lazaro*.

9. JACQ. (ex ROSENTH., *op. cit.*, 660). — *Viola Hybanthus* L. — *Ionidium Hybanthus* VENT. (vulg. *Ipecacuanha*, *Pira-aia*).

10. *Ionidium Poaya* A. S. H., *Pl. us. Bras.*, t. 9 ; *Pl. rem.*, 308 (vulg. *Poaya do campo*). Sert d'ipécacuanha dans la province des Mines.

11. *Ionidium Maytensillo* FEUILL., *Chil.*, III, 41, t. 28. — ROSENTH., *op. cit.*, 661 (syn., d'après HOOKER, de *I. parviflorum* A. S. H.). Considéré au Chili comme un purgatif des plus énergiques.

12. *I. lanatum* A. S. H., *Fl. Bras. mer.*, II, 145, n. 11.

13. *I. brevicaule* MART., *Mat. med. bras.*, t. 3, 8, fig. 7. — LINDL., *Fl. med.*, 99. On prépare un purgatif doux, au Brésil, en mêlant au lait et au sucre sa racine pulvérisée.

14. *I. urticæfolium* MART., *loc. cit.*, t. 4, 9, fig. 17, 18. Usité comme vomitif au Brésil.

15. *Viola stricta* POIR., *Dict.*, VIII, 648.— *Ionidium strictum* VENT., *Malmais.*, n. 27, not. — DC., *Prodr.*, n. 9. Espèce des Antilles.

latus [1], *parviflorus* [2], *circæoides* [3], *bicolor* [4], *albus* [5], *guaraniticus* [6], *setigerus* [7], *scariosus* [8], *indecorus* [9], quoique moins connus, sont autant d'espèces décrites comme appartenant au genre *Ionidium*, et qui, possédant des propriétés vomitives plus ou moins accentuées, sont employées comme Ipécacuanhas faux ou blancs dans les régions les plus chaudes de l'Amérique. A Madagascar, l'*H. buxifolius* [10], et en Asie les *H. heterophyllus* [11] et *suffruticosus* [12], passent pour produire des médicaments analogues. Les Violettes européennes et américaines ont des vertus semblables, et l'on se servait autrefois, pour provoquer le vomissement, des racines du *Viola odorata* [13] (fig. 352, 363-366), de celles des *V. canina* [14], *sylvestris* [15], *palmata* [16], etc. Au Brésil, les *V. cerasifolia* [17], *gracillima* [18], *longiflora* [19], *subdimidiata* [20], etc., sont employés comme les *Hybanthus*. Les mêmes propriétés émétiques se retrouvent dans le *Noisettia longifolia* [21], de Cayenne, et dans l'*Anchietea salutaris* [22], du Brésil méridional. A. SAINT-HILAIRE fait remarquer que ce ne doit pas être des Européens, et à cause d'analogies botaniques avec nos Violettes, que les indigènes du Brésil ont appris à connaître les vertus de cette plante, dont les cultivateurs des environs de Rio-Janeiro recherchent la racine comme purgative et comme guérissant les affections chroniques de la peau. Les *Rinorea* présentent des

1. *Viola verticillata* Orteg., *Dec.*, IV, 50. — *Solea verticillata* Spreng., in *Schrad. Journ.*, II (1800), 190, t. 6. — *Ionidium polygalæfolium* Vent., *Malmais.*, t. 27. — DC., *Prodr.*, n. 13. — H. B. K., *Nov. gen. et spec.*, V, 376, t. 496 (Mexique et Antilles).

2. *Viola parviflora* Mut. (ex L. fil., *Suppl.*, 396). — *Ionidium parviflorum* Vent., *loc. cit.*, 27. — DC., *Prodr.*, n. 20. — Rosenth., *op. cit.*, 660 (Pérou (?) et Colombie). On lui attribue l'Ipécacuanha blanc du Pérou, et on lui a rapporté parfois la racine de *Cuchunchully*.

3. *Ionidium circæoides* H. B. K., *Nov. gen. et spec.*, V, 379, t. 498. — DC., *Prodr.*, n. 18 (Guayaquil).

4. A. S. H., *Pl. rem. Brés.*, 301.

5. A. S. H., ex Rosenth., *op. cit.*, 661.

6. A. S. H., ex Rosenth., *loc. cit.*

7. Vent., ex Rosenth., *loc. cit.*

8. A. S. H., *Fl. Bras. mer.*, II, 144.

9. Var., pour A. S. H. (*Fl. Bras. mer.*, II, 145), de l'*I. Ipecacuanha*.

10. *Viola buxifolia* Poir., *Dict.*, VIII, 646. *Ionidium buxifolium* Vent., *loc. cit.* — DC., *Prodr.*, n. 6.

11. *Polygala frutescens* Burm., *Fl. zeyl.*, 195, t. 35 ? — *Ionidium heterophyllum* Vent., *loc. cit.* — DC., *Prodr.*, n. 5 (Chine, Ceylan).

12. *Viola suffruticosa* Roth, *Nov. spec.*, 165. — *Ionidium ? suffruticosum* Ging., mss. (ex DC., *Prodr.*, n. 24).

13. Voy. p. 336, note 3.

14. L., *Spec.*, 1324 (part.). — DC., *Prodr.*, I, 298, n. 44. — Gren. et Godr., *Fl. de Fr.*, I, 17. — Lindl., *Fl. med.*, 97. — Guib., *op. cit.*, 664.

15. DC., *Fl. fr.*, II, 680 — Reichb., *Ic. Fl. germ.*, t. 4503. — *V. sylvatica* Fr., *Fl. hall.*, 64. — Gren. et Godr., *loc. cit.*, 178.

16. L., *Spec.*, 1323. — DC., *Prodr.*, n. 2. Sert d'Ipécacuanha dans l'Amérique du Nord. Les *V. suavis* Bieb., *ambigua* Waldst. et Kit., *campestris* Bieb., *mirabilis* L., *collina* Bess., *pedata* L. (*digitata* Pursh), *pubescens* Ait., *enneasperma* L., etc., ont la même réputation dans diverses portions de l'Europe et de l'Amérique boréale. (Voy. Mér. et Del., *Dict. Mat. méd.*, VI, 900. — Rosenth., *op. cit.*, 659.)

17. A. S. H., *Fl. Bras. mer.*, II, 136, n. 3.

18. A. S. H., *loc. cit.*, n. 1.

19. L., *Mantiss.*, 120.

20. A. S. H., *loc. cit.*, n. 2.

21. H. B. K., *Nov. gen. et spec.*, V, 382, t. 499. — DC., *Prodr.*, I, 299, n. 1. — Rosenth., *op. cit.*, 661. — *Viola longifolia* Poir., *Dict.*, VIII, 649. — *Ionidium longifolium* Roem. et Sch., *Syst.*, V, 398.

22. A. S. H., *Pl. us. Bras.*, t. 20; *Pl. rem.*,

propriétés quelque peu différentes. Les *R. castaneæfolia* [1], *Cuspa* [2], et *physiphora* [3], de l'Amérique du Sud, passent pour amers et astringents ; leur écorce est fébrifuge. Les feuilles du *R. physiphora* (fig. 358-362) se mangent comme légumes. Le *Sauvagesia erecta* [4] (fig. 370-375) est l'Herbe Saint-Martin des habitants de la Guyane française [5] ; on l'emploie comme mucilagineux et comme astringent, contre les ophthalmies, les diarrhées ; aux Antilles, il sert comme diurétique et comme antiphlogistique, notamment dans les affections des voies urinaires et du tube digestif. Nos Violettes et nos Pensées communes sont réputées comme dépuratives ; on les a surtout préconisées contre les affections chroniques de la peau. Elles renferment de la violine, principe alcalin, amer, âcre, vireux, vénéneux même [6]. L'Herbe de la Trinité, ou *Viola tricolor* [7] (fig. 367-369), et sa variété *arvensis*, plus connue dans la pratique sous le nom de Pensée sauvage, servent tous les jours encore à préparer des tisanes dépuratives [8]. On consomme surtout en Europe une grande quantité de fleurs de Violettes, lesquelles comprennent souvent, outre celles du *V. odorata*, celles des *V. canina*, *sylvestris*, *hirta* [9], *tricolor*, etc. Les semences du *V. odorata* sont purgatives et faisaient autrefois partie du *catholicon* double ; ses pétales sont laxatifs et servent quelquefois à purger les enfants [10]. Ils sont surtout connus par la teinture et le sirop colorés qu'ils servent à préparer et qui s'employaient tant autrefois comme réactifs des acides et des alcalis dans les laboratoires de chimie ; ils le sont davantage par leur délicieux parfum [11] qui

290 ; *Fl. Bras. mer.*, II, 140. — Rosenth., *op. cit.*, 661. — H. Bn, in *Dict. encycl. des sc. méd.*, IV, 299. — *Noisettia pyrifolia* Mart.

1. *Alsodeia castaneæfolia* Spreng. (ex Rosenth., *op. cit.*, 661). — *Cohonoria castaneæfolia* A. S. H.

2. *Alsodeia Cuspa* Spreng. — *Cohonoria Cuspa* H. B. K.

3. *Alsodeia physiphora* R. Br., in *herb. Banks* ; *Congo*, 21. — *Conohoria Lobolobo* A. S. H. — *Physiphora lævigata* Soland., in *herb. Banks*. — DC., *Prodr.*, I, 314.

4. L., *Spec.*, 241 (nec Spreng.). — Jacq., *Amer.*, 77, t. 51, fig. 3. — W., *Spec.*, I, 1185. — R. et Pav., *Fl. per.*, III, 11. — H. B. K., *Nov. gen. et spec.*, V, 389. — A. S. H., *Pl. rem. Brés.* 63, t. 3, a ; in *Mém. Mus.*, III, 215 ; XI, 102. — DC., *Prodr.*, I, 315, n. 2. — Lindl., *Fl. med.*, 99 ; *Veg. Kingd.*, 343. — Endl., *Enchirid.*, 479. — Rosenth., *op. cit.*, 663. — S. *Adyma* Aubl., *Guian.*, t. 100. — S. *nutans* Pers. — S. *peruviana* Rœm. et Sch., *Syst.*, V, 437.

5. Il paraît porter le même nom au Pérou. C'est encore l'*Adima* des Galibis et l'*Yoaba* des Caraïbes.

6. Boullay, in *Mém. Acad. méd.*, I, 417. — Mér. et Del., *Dict. Mat. méd.*, VI, 905.

7. Voy. p. 336, not. 2. Lindl., *Fl. med.*, 97. — A. Rich., *Elém.*, éd. 4, II, 71. — Guib., *Drog. simpl.*, éd. 6, III, 665. — Moq., *Bot. méd.*, 38, fig. 6. — Rév., in *Bot. méd. du* XIXe *siècle*, III, 40, t. 3.

8. Les Pensées ont passé jadis pour alexipharmaques, et aux États-Unis on a dit que le *V. ovata* Nutt. (*Gen.*, I, 148 ; — DC., *Prodr.*, n. 13) est un remède contre la morsure des crotales.

9. L., *Spec.*, 1324. — Sm., *Fl. brit.*, 244. — DC., *Prodr.*, n. 25. — Rosenth., *op. cit.*, 658.

10. Les feuilles brisées de plusieurs *Viola*, notamment celles du *V. tricolor*, ont l'odeur des noyaux de pêches ; d'où cette idée assez répandue qu'elles contiendraient de l'acide cyanhydrique.

les fait tant rechercher pour la confection des bouquets, l'extraction
d'une essence précieuse, la préparation de bonbons, de pâtes, de con-
serves aromatisées et légèrement béchiques. Les Romains faisaient usage
d'un vin de Violettes, et les sorbets du Grand Seigneur sont encore,
dit-on, parfumés avec les pétales de ces plantes. Leurs fleurs sont
recherchées pour l'ornementation des jardins, mais surtout celles
des variétés précieuses des Pensées, dont le nombre est actuellement
si considérable dans nos cultures [1].

1. Pour tous les faits relatifs à l'étymologie, à
l'histoire, à la classification et la culture des
Pensées, voy. BARILLET, *les Pensées* (Paris,
1869, icon.).

GENERA

———

I. PAYPAYROLEÆ.

1. Paypayrola Aubl. — Flores regulares v. subregulares hermaphroditi; receptaculo convexo. Sepala 5, imbricata. Petala totidem subæqualia libera; unguibus in tubum approximatis v. cohærentibus;
laminis demum patentibus; præfloratione arcte imbricata. Stamina 5,
cum petalis alternantia; filamentis in tubum brevem connatis; antheris
summo tubo sessilibus muticis, introrsis, longitudinaliter 2-rimosis.
Germen liberum, 1-loculare; stylo recto, apice stigmatoso; placentis
parietalibus 3, ∞ - ovulatis. Capsula coriacea loculicida, 3-valvis;
endocarpio cartilagineo ab exocarpio elastice soluto. Semina ∞, subglobosa; testa coriacea; albumine carnoso; embryone axili recto. —
Arbores v. frutices; foliis alternis integris; stipulis parvis; floribus in
spicas v. racemos terminales axillaresque dispositis. (*America trop.*). —
Vid. p. 333.

2. Amphirrox Spreng. [1] — Flores fere *Paypayrolæ;* corollæ limbo
subobliquo. Stamina 5, libera; filamentis brevibus complanatis; connectivo ultra loculos in membranam lineari-subulatam producto.
Cætera ut in *Paypayrola.* — Frutices; foliis alternis v. ad summos
ramulos confertis, integris v. serrulatis; floribus [2] in racemos terminales pedunculatos, 1-3-nos cymoso – ∞ - floros, dispositis. (*America
trop.* [3])

<hr>

1. *Syst., Cur. post.,* 51, 99. — Endl., *Gen.,*
n. 5046. — Payer, *Fam. nat.,* 109. — B. H.,
Gen., 118, n. 8. — *Spathularia* A. S. H., *Pl.
rem. Brés.,* 317, t. 28. — *Braddleya* Velloz.,
Fl. flum., 93; Atl., II, t. 140. — *Amphirroye*
Reichb., *Pflanz. Syst.,* 269.

2. Speciosis majusculis; unguibus petalorum
elongatis in tubum spurium approximatis; laminis patentibus.

3. Spec. 2, 3. A. S. H., *Fl. Bras. mer.,* II,
148 (*Spathularia*). — A. Gray, *Unit. St. expl.
Exp., Bot.,* I, 88.

3. Isodendrion A. Gray [1]. — Flores fere *Paypayrolæ* ; corolla leviter obliqua. Stamina 5, libera ; connectivo haud producto. Germen 1-loculare ; stylo ad apicem clavatum curvato anticeque stigmatoso ; placentis parietalibus 3 ; singulis 2-4-ovulatis. Capsula coriacea, 3-valvis ; endocarpio haud soluto ; seminibus obovoideis. — Arbusculæ v. frutices ; foliis alternis confertis ; stipulis 2, lateralibus ; floribus ad folia superiora, nunc in bracteas mutata v. caduca, axillaribus solitariis ; stipulis lateraliter persistentibus ; pedicellis brevibus, bracteolatis [2]. (*Ins. Sandwic.* [3])

4. Rinorea Aubl. [4] — Flores regulares v. subregulares, 5-meri ; sepalis imbricatis. Petala sessilia v. brevissime unguiculata, æqualia v. subæqualia, imbricata. Stamina 5, alternipetala ; filamentis liberis v. plus minus connatis, dorso appendiculatis v. nudis ; antheris introrsis, 2-rimosis ; connectivis ultra loculos productis, liberis, in annulum approximatis v. cohærentibus. Germen 1-loculare ; placentis 3, $1 - \infty -$ ovulatis ; stylo recto, apice stigmatoso, disco nunc e glandulis 5, liberis, formato (*Scyphellandra* [5]). Fructus siccus v. nunc extus carnosulus baccatusve, indehiscens (?) v. ægre dehiscens (*Lasiospermum* [6], *Glœospermum* [7]), v. multo sæpius elastice v. simpliciter dehiscens (*Eurinorea*). nunc extus setis intertextis densissime molliterque echinatus (*Medusa* [8]). Semina pauca, extus glabra v. rarius gossypina (*Lasiospermum*) ; testa coriacea v. crustacea ; albumine carnoso. — Arbores v. sæpius frutices ; foliis alternis v. rarius oppositis, integris v. serratis ; stipulis parvis ; floribus [9] solitariis v. sæpius in racemos simplices v. ramosos, nunc

1. *Unit. St. expl. Exp., Bot.*, I, 92, t. 8, 9. — B. H., *Gen.*, 118, n. 10.

2. Bracteolis sepalis sæpe conformibus, margine subcarioso pallidioribus. Genus *Rinoreæ* sect. *Pentalobæ* proximum, differt petalis basi conniventibus et connectivo haud producto.

3. Spec. 2, 3. A. Gray, *loc. cit.*

4. *Guian.*, I, 235, t. 93 (1775). — J., *Gen.*, 287. — Poir., *Dict.*, VI, 211. — Lamk, *Ill.*, t. 134. — *Riana* Aubl., *loc. cit.*, 237, t. 94. — J., *loc. cit.* — Poir., *Dict.*, VI, 196 ; *Ill.*, t. 135. — *Cohonoria* Aubl., *loc. cit.*, 239, t. 95. — Lamk, *Dict.*, II, 96. — *Conoria* J., *loc. cit.* — *Passoura* Aubl., *op. cit.*, Suppl., 21, t. 380. — *Pentaloba* Lour., *Fl. cochinch.* (1790), 154. — *Physiphora* Soland., mss. (ex R. Br., *Congo*, 440). — *Alsodeia* Dup.-Th., *Hist. vég. Afr.* (1804), 55, t. 17, 18. — Ging., in DC. *Prodr.*, I, 312. — Spach, *Suit. à Buffon*, V, 497. — Endl., *Gen.*, n. 6047. — Payer, *Fam. nat.*, 108. — B. H., *Gen.*, 118, 970, n. 11. — *Alsodea* Mart. et Zucc., *Nov. gen. et spec.*, I, 27, t. 19-21. — *Ceranthera* Pal. Beauv., *Fl. owar. et ben.*, II (1807), 10, t. 65, 66. — *Dripax* Nor., mss. (ex Endl.).— *Vareca* Roxb., *Fl. ind.*, I, 647. — *Prosthesia* Bl., *Bijdr.*, 866. — *Dioryctandra* Hassk., *Retzia*, 125. — *Imhofia* Zoll. et Mor., in *ex. jav.* n. 2979 (De gener. nom. prior. cfr. H. Bn, in *Adansonia*, X, fasc 12.)

5. Thw., *Enum. pl. Zeyl.*, 21. — B. H., *Gen.*, 120, n. 17.

6. H. Bn, in *Adansonia*, *loc. cit.*

7. Tr. et Pl., in *Ann. sc. nat.*, sér. 4, XVII, 123. — H. Bn, in *Adansonia*, *loc. cit.* — *Gloiospermum* B. H., *Gen.*, 119, n. 13. — Endl., Walp., *Ann.*, VII, 219.

8. Lour., *Fl. cochinch.* (éd. 1790), 406. — Endl., *Gen.*, n 5329.

9. Parvis, sæpius flavis v. albidis.

cymiferos, axillares v. terminales, dispositis. (*Orbis tot. reg. trop.* [*excl. Austral.?*] *et subtrop.* [1])

5. Leonia R. et Pav. [2] — Flores hermaphroditi regulares, 5-meri; sepalis 5, petalisque totidem longioribus alternis, liberis v. ima basi cohærentibus, præfloratione imbricata. Stamina 5, alternipetala; filamentis in tubum brevem connatis; antheris brevibus summo tubo insertis exappendiculatis, introrsum 2-rimosis. Germen liberum, 1-loculare; stylo brevi, apice stigmatoso integro v. vix 3-dentato; placentis parietalibus 3, ∞ - ovulatis. Bacca globosa, indehiscens; seminibus ∞, subglobosis pulpa nidulantibus. — Arbores; foliis alternis integris pellucido-punctulatis; floribus parvis in cymas axillares v. terminales longe ramoso-compositas dispositis. (*America austr. trop. et subtrop.* [3])

6. Melicytus Forst. [4] — Flores subregulares polygami, 5-meri; sepalis petalisque longioribus sessilibus, imbricatis. Stamina alternipetala 5; filamentis brevissimis subconnatis; antheris introrsis, 2-rimosis; connectivo apice in membranam producto et dorso plus minus supra basin squamula adscendente appendiculato. Germen (in flore masculo rudimentarium) liberum, 1-loculare; stylo (nunc brevissimo) apice stigmatoso, 3-5-fido v. in lobos 3-6, plus minus crassos, nunc subsessiles, diviso, v. subdiscoideo; placentis parietalibus 3-5; ovulis in singulis ∞. Bacca subglobosa; seminibus ∞, subglobosis albuminosis; testa coriacea v. crustacea. — Arbusculæ v. frutices; foliis alternis dentatis; stipulis 0, v. minimis; floribus parvulis axillaribus cymosis; pedicellis ad apicem 2-bracteolatis. (*N.-Zelandia, ins. Norfolk.* [5])

7? Hymenanthera R. Br. [6] — Flores (fere *Melicyti*) polygami;

---

1. Spec. ad 40, quar. amer. ad 20. H. B. K., *Nov. gen. et spec.*, V, 387, t. 491 (*Conohoria*). — A. S. H., *Pl. us. Bras.*, t. 10; *Pl. rem. Brés.*, t. 319; *Fl. Bras. mer.*, II, 148 (*Alsodeia*). — Hook., *Icon.*, t. 63 (*Conohoria*). — Moric., *Pl. nouv. Amér.*, t. 46, 47. — Seem., *Voy. Her., Bot.*, t. 14 (*Alsodeia*). — Tr. et Pl., in *Ann. sc. nat.*, sér. 4, XVII, 126 (*Alsodeia*). — Griseb., *Fl. brit. W.-Ind.*, 26. — Tul., in *Ann. sc. nat.*, sér. 5, IX, 303 (*Alsodea*). — Miq., *Fl. ind.-bat.*, Suppl., I, 160. — Oliv., *Fl. trop. Afr.*, I, 106 (*Alsodeia*). — Hook. f. et Thoms., *Fl. brit. Ind.*, I, 186 (*Alsodeia*). — Walp., *Rep.*, I, 224; V, 60; *Ann.*, I, 71; II, 67; IV, 235; VII, 218 (*Alsodeia*).

2. *Fl. per. et chil.*, II, 69, t. 22 (nec Ll. et Lex.). — DC., *Prodrom.*, VIII, 669. —

Endl., *Gen.*, n. 4231. — Benth., in *Hook. Journ.*, V, 215. — B. H., *Gen.*, 119, 970, n. 12.

3. Spec. 3. Mart., *Nov. gen. et sp.*, II, 85, t. 168, 169 (*Steudelia*). — Miq., in *Mart. Fl. bras., Ebenac.*, 17, not.

4. *Char. gen.*, 123, t. 62. — J., *Gen.*, 428. — Gærtn., *Fruct.*, I, 206, t. 44, fig. 3. — Desrouss., in *Lamk Dict.*, IV, 59. — Lamk, *Ill.*, t. 812. — DC., *Prodr.*, I, 257. — Endl., *Gen.*, n. 5081. — B. H., *Gen.*, 119, 970, n. 15.

5. Spec. ad. 4. Hook., *Lond. Journ.*, III, t. 8 (*Elæodendron*). — Hook. f., *Fl. N.-Zel.*, I, 17, t. 8. — Walp., *Ann.*, VII, 220.

6. *Congo*, 442; *Misc. Works* (ed. Benn.), I, 125; II, 705. — Ging., in *Mém. Gen.*, II, t. 2,

staminum filamentis in tubum brevem connatis; connectivo (ut in *Melycito*) apice dorsoque appendiculato. Germen 1-loculare ; stylo brevi, apice stigmatoso 2-lobo v. brevissimo subdiscoideo; placentis parietalibus 2, 1-ovulatis. Bacca subglobosa, 1- v. 2-sperma; seminibus subglobosis; embryonis albuminosi cotyledonibus angustis. — Arbusculæ v. fruticuli rigidi; ramis nunc apice spinescentibus ; foliis alternis v. fasciculatis, sæpius parvis, integris v. denticulatis; stipulis minutis v. caducis; floribus axillaribus, solitariis v. cymosis paucis; pedicellis brevibus, 2- v. paucibracteolatis [1]. (*Australia, N.-Zelandia* [2].)

II. VIOLEÆ.

8. **Viola** T. — Flores irregulares ; receptaculo leviter convexo. Sepala 5, subæqualia, basi ultra insertionem producta, imbricata. Petala inæqualia dissimilia, imbricata ; inferiore sæpius majore regulari, supra basin calcarato v. varie saccato. Stamina 5, alterni-petala ; antheris æqualibus, 2-locularibus, introrsum longitudine rimosis; connectivo ultra loculos in membranam producto; filamentis brevibus v. brevissimis membranaceis; anterioribus 2, basi antice calcaratis. Germen liberum, 1-loculare ; placentis 3 (quorum anteriora 2, posticum 1), ∞-ovulatis; ovulis anatropis; stylo superne clavato varieque dilatato plus minus recurvo; dilatatione intus stigmatosa oreque antico forma vario aperta. Capsula elastice longitudinaliter dehiscens; valvis 3, medio intus seminiferis. Semina ∞, ovoidea v. globosa; testa crustacea, sæpius nitida, ad hilum minute arillata; albumine carnoso; embryone recto axili albuminis subæquali. — Herbæ, nunc suffrutescentes; foliis alternis, basi stipulis 2, sæpe foliatis latis persistentibus, munitis; floribus (sæpe 2-morphis; fructiferibus asepalis v. crypto-petalis) axillaribus, sæpius solitariis; pedunculo 2, 3-bracteolato. (*Hemisph. bor. reg. temp., America austr. mont., Australia, N.-Zelandia, Africa austr.*) — *Vid. p.* 336.

9. **Hybanthus** Jacq. [3] — Flores fere *Violæ*; sepalis basi haud

fig. 9. — DC., *Prodr.*, I, 314. — Endl., *Gen.*, n. 5049; *Iconogr.*, t. 108; *Prodr. Fl. norfolk.*, 70. — B. H., *Gen.*, 120, 970, n. 16. — *Solenantha* G. Don, *Gen. Syst.*, II, 39.

1. Gen. *Melycito* valde affine (cujus pot. sectio ?).

2. Spec. 4. Hook. F., *Fl. tasman.*, I, 27; *Fl. N.-Zel.*, I, 17, t. 7. — Benth., *Fl. austral.*, I, 104. — *Bot. Mag.*, t. 3163. — Walp., *Rep.*, I, 225; II, 767; *Ann.*, VII, 220.

3. *Amer.*, 77, t. 175, fig. 24, 25 (1763). — Neck., *Elem.*, n. 1386 (1790). — DC.,

productis. Petalum anticum cæteris majus, paulo supra basin gibbus v. subsaccatus. Stamina 5, libera v. plus minus connata coalitave ; filamentis brevibus v. plus minus elongatis, nunc linearibus ; anterioribus 2, v. rarius 4, extus ad basin calcaratis, gibbosis v. glanduliferis [1] ; connectivo in membranam ultra loculos producto. Germen *Violæ;* stylo apice recurvo-clavato, antice stigmatoso. Capsula, nunc crustacea, elastice 3-valvis ; seminibus ovoideo-globosis ; testa crustacea. Cætera *Violæ.* — Herbæ, nunc suffrutescentes, v. frutices erecti ; foliis alternis, nunc oppositis ; stipulis sæpius parvis ; floribus axillaribus pedunculatis, solitariis v. fasciculatis, nunc in racemos terminales dispositis. (*Orbis tot. reg. trop.* [2])

10 ? **Agation** AD. BR. [3] — Flores fere *Hybanthi;* sepalis 5, subæqualibus, basi haud productis, deciduis. Petala inæqualia ; antico majore labelliformi, ad basin angustato subtusque gibboso – saccato. Stamina 5, libera ; filamentis liberis, marginibus coalitis ; superiore sæpe demum libero ; anticis 2, extus sub apice glandula brevi recurva munitis ; antheris introrsis, apice mucronulatis ; connectivo in laminam petaloideam ultra loculos producto. Germen liberum ; placentis 3, ∞ – ovulatis ; stylo ad apicem incrassatum recurvo, antice stigmatoso. Capsula crustaceo-lignosa ; valvis 3, medio intus seminiferis. Semina ∞ , compresso-alata, inæquali-3, 4-angularia [4], imbricata ; albumine sæpe tenui ; embryonis lati radicula cylindrica ; cotyledonibus planis inæqualisub-3-angularibus v. obovatis. — Frutices sarmentosi ; foliis alternis,

Prodr., I, 311. — *Calceolaria* LOEFL., *It. hisp.* (1758), 183 (nec FEUILL.). — *Pombalia* VANDELL., *Fasc.,* 7, t. 1 (1771). — DC., *Prodr.,* I, 306. — *Ionidium* VENT., *Jard. Malmais.,* t. 27 (1803). — DC., *Prodr.,* I, 307. — SPACH, *Suit. à Buffon,* V, 519. — ENDL., *Gen.,* n. 5041. — PAYER, *Fam. nat.,* 108. — A GRAY, *Gen. ill.,* t. 82. — B. H., *Gen.,* 117, 970, n. 6. — *Solea* GING., in DC. *Prodr.,* I, 306. — A. GRAY, *op. cit.,* t. 81. — *Pigea* DC., *Prodr.,* I, 307. — *Vlamingia* DE VRIESE, in *Pl. Preiss.,* I, 398.

S. *Unit.-St,* 34 (*Solea*).—C. GAY, *Fl. chil.,* I, 227 (*Ionidium*). — *Miq.,* in *Linnæa,* XXII, 355. — HARV. et SOND., *Fl. cap.,* I, 74 (*Ionidium*). — BENTH., *Fl. austral.,* I, 101 (*Ionidium*). — OUDEM., *Viol.,* 6 (*Ionidium*). — TR., in *Ann. sc. nat.,* sér. 5, IX, 300. — TR. et PL., in *Ann. sc. nat.,* sér. 4, XVII, 124 (*Ionidium*). — TURCZ., in *Bull. Mosc.* (1853), I, 556 (*Ionidium*). — THW., *Enum. pl. Zeyl.,* 21 (*Ionidium*). — OLIV., *Fl. trop. Afr.,* I, 105 (*Ionidium*). — KL., in *Pet. Mossamb., Bot.,* 148 (*Ionidium*). — GRISEB., *Fl. brit. W.-Ind.,* 26 ; *Cat. pl. cub.,* 11 (*Ionidium*). — HOOK. F. et THOMS., *Fl. brit. Ind.,* I, 185 (*Ionidium*). — WALP., *Rep.,* I, 221 ; II, 767 ; V, 55 ; *Ann.,* I, 68 ; II, 67 ; IV, 234 ; VII, 217 (*Ionidium*).

1. Glandulis anterioribus 2, nunc in unam integram v. 2-lobam coalitis (in *Solea* et *Euhybantho*).

2. Spec. ad 40, quar. africanæ 4, australianæ 5, 6. Cæt. amer. bor. et austr. AUBL., *Guian.,* t. 318 (*Viola*). — FORST., in *Trans. Linn. Soc.,* VI, 309, t. 28 (*Viola*). — H. B. K., *Nov. gen. et spec.,* V, 385, t. 494 (*Hybanthus*).—A. S. H., *Pl. us. Bras.,* t. 9, 11, 20 ; *Pl. rem.,* t. 27. — A. GRAY, *Unit. St. expl. Exp., Bot.,* I, 87 (*Ionidium*) ; *Man.,* ed. 5, 76 (*Solea*). — CHAPM., *Fl.*

3. In *Bull. Soc. bot. de Fr.,* VIII, 79 ; in *Ann. sc. nat.,* sér. 5, I, 346. — B. H., *Gen.,* 118, n. 7. — *Agatea* A. GRAY, *Unit. St. expl. Exp., Bot.,* I, 89, t. 7.

4. Testa, ut aiunt, ad faciem internam crustacea ibique solubili, « nigra et ad faciem internam membranacea ».

integris v. dentatis; stipulis minimis, caducis; floribus in racemos compositos, axillares simul et terminales, dispositis; pedicellis articulatis, 2-bracteolatis [1]. (*N.-Caledonia, ins. Viti* [2].)

11. Shcweiggeria SPRENG. [3] — Flores fere *Violæ;* sepalis 5 ; 3 exterioribus multo majoribus late hastato-cordatis; interioribus 2, angustis multo minoribus. Petalum anterius cæteris majus, supra basin calcaratum. Stamina et germen *Violæ;* stylo subclavato, apice in lobos 2, membranaceos aliformes, expanso, inter lobos antice stigmatoso. Capsula ovoidea, 3-valvis; seminibus ovoideo-globosis; testa crustacea. — Frutices erecti ; foliis alternis ; stipulis minutis ; floribus axillaribus solitariis; pedunculis supra bracteas articulatis. (*America trop.* [4])

12. Anchietea A. S. H. [5] — Flores fere *Violæ;* sepalis subæqualibus, basi haud productis. Petalum anterius cæteris majus longe calcaratum. Stamina germenque *Violæ;* stylo subclavato, antice ad apicem stigmatoso. Capsula maxima membranaceo-vesiculosa inflata, 3-valvis ; seminibus plano-compressis; testa membranacea, margine in alam late orbiculatam expansa. — Frutices scandentes; foliis alternis; stipulis parvis; floribus in racemos breves axillares dispositis. (*Brasilia* [6].)

13. Noisettia H. B. K. [7] — Flores fere *Violæ;* sepalis subæqualibus, basi haud productis. Petalum anterius cæteris majus longe calcaratum. Stamina germenque *Violæ;* stylo clavato incurvo, ad apicem antice stigmatoso. Capsula ovoidea, elastice 3-valvis; seminibus ovoideo-globosis; testa crustacea. — Suffrutices subsimplices erecti; foliis alternis; stipulis 2, lateralibus; floribus axillaribus breviter racemosis; pedicellis supra medium articulatis. (*America trop. et bor. subtrop.* [8]).

1. Gen. a *Pombalia* vix sat. distinct. imprim. differt seminibus alatis.

2. Spec. 2, 3. WALP., *Ann.*, VII, 218.

3. *Neue Entd.*, II, 167. — DC., *Prodr.*, I, 290. — ENDL., *Gen.*, n. 5044. — B. H., *Gen.*, 117, n. 4. — *Glossarrhen* MART. et ZUCC., *Nov. gen. et spec.*, I, 21, t. 15. — DC., *Prodr.*, 1, 290.

4. Spec. 2. A.S. H., *Pl. rem. Brés.*, t. 26 B. — MART., in *Nov. Act. nat. cur.*, XII, t. 8 (*Glossarrhen*). — *Bot. Reg.* (1841), t. 40. — WALP., *Rep.*, I, 223.

5. *Pl. us. Bras.*, t. 19 ; *Pl. rem. Brés.*, 290. — ENDL., *Gen.*, n. 5043. — B. H., *Gen.*, 117, n. 3. — H. BN, in *Dict. encycl.*, IV, 290.

6. Spec. 2, 3. ? H. B. K., *Nov. gen. et spec.*, I, 23, t. 499, 499 *b*, fig. 1 (*Noisettia*). — ? A. S. H., *Pl. rem. Brés.*, I, 26 (*Noisettia*). — A. GRAY, *Unit. St. expl. Exp.*, *Bot.*, I, 88. — WALP., *Rep.*, I, 223.

7. *Nov. gen. et spec.*, V, 382, t. 499 *b*, fig. 2 (nec MART.). — DC., *Prodr.*, I, 290. — ENDL., *Gen.*, n. 5042. — B. H., *Gen.*, 117, n. 2. — *Bigelowia* DC., mss. (ex ENDL.). — *Violaroides* MICHX, mss. (ex ENDL.). — ? *Ionidiopsis* PRESL, *Bot. Bem.*, 13. — WALP., *Ann.*, I, 69.

8. Spec. 2 v. 3. TR. et PL., in *Ann. sc. nat.*, sér. 4, XVII, 123. — WALP., *Rep.*, I, 223.

14. Corynostylis Mart. [1] — Flores fere *Violæ* ; sepalis minutis subæqualibus, basi haud productis. Petalum anterius cæteris majus, supra basin in calcar maximum productum; lamina parva. Petala cætera minora; antica conniventia, lateralia erectiuscula. Stamina 5; filamentis brevissimis, sub perigyno insertis; inferioribus 2–4, dorso breviter villoso-calcaratis. Antheræ introrsæ complanatæ adnatæ germenque fere *Violæ*, globoso-3-gonum ; ovulis plurimis; stylo clavato antice ad apicem stigmatoso. Capsula coriacea magna ovata sub-3-gona lignosa corticata ; valvis 3, haud elasticis, medio seminiferis; seminibus suborbiculatis plano-compressis; testa crustacea rugosa exalata; albumine tenui. — Frutices scandentes; foliis alternis petiolatis ovatis plerumque argute serratis v. serrulatis glaberrimis nitidis; stipulis deciduis; floribus [2] in racemos terminales dispositis; inferioribus ad axillas foliorum superiorum solitariis; pedicellis elongatis ad medium 2-bracteolatis et supra bracteolas articulatis. (*America trop.* [3])

III. SAUVAGESIEÆ.

15. Sauvagesia L. — Flores regulares hermaphroditi; receptaculo convexo. Sepala 5, subæqualia, imbricata, demum patentissima, fructifera clausa. Petala totidem alterna, convoluta, sub anthesi patentia, decidua. Stamina fertilia 5, alternipetala, hypogyna ; filamentis liberis; antheris linearibus, 2-locularibus, extrorsum v. sublateraliter rimosis. Laminæ petaloideæ 5 (staminodia ?), cum staminibus fertilibus alternantes iisque exteriores, convolutæ, extus filamentis apice glanduliferis (staminodiis linearibus ?) 5–10, sæpius ∞, in fasciculos alternipetalos dispositis, cinctæ. Germen liberum, 1-loculare; ovulis ∞, anatropis adscendentibus, placentis 3, parietalibus, insertis; stylo simplici, apice stigmatoso obtuso v. vix dilatato. Capsula calyce plerumque et androcæo persistentibus stipata, septicida, 3-valvis. Semina ∞, parva; testa crustacea, sæpius scrobiculata; albumine carnoso ; embryonis axilis radicula teretiuscula cotyledonibus longiore. — Herbæ v. suffrutices glabræ; foliis alternis rigidulis, integris v. serrulatis, breviter

---

1. *Nov. gen. et spec.*, I, 25, t. 17, 18. — Endl., *Gen.*, n. 5045. — B. H., *Gen.*, 116, n. 1. — *Calyptrion* Ging., in *Mém. Gen.*, II, t. 2, fig. 1; in *DC. Prodr.*, I, 288.

2. Speciosis.

3. Spec. 1, 2. Tr. et Pl., in *Ann. sc. nat.*, sér. 4, XVII, 124. — Walp., *Rep.*, I, 223.

petiolatis v. nunc sessilibus; stipulis pectinato-ciliatis; floribus axillaribus v. in racemos terminales dispositis, bracteatis. (*America trop.,
orb. tot. reg. trop.*) – *Vid. p.* 339.

16? **Schuurmansia** BL. [1] — Flores fere *Sauvagesiæ ;* sepalis 5, æqualibus, v. parum inæqualibus, præfloratione valde imbricatis. Petala
subæqualia, convoluta. Staminodia 5, linearia v. subulata; disci filamentis ∞ , exterioribus pauloque minoribus, subconformibus. Staminum fertilium filamenta 5, brevia libera erecta; antheræ oblongo-
lineares, ad apicem poris v. subintrorsum lateraliterve rimis longitu-
dinalibus dehiscentes. Capsula fere *Sauvagesiæ*, septicide 3- valvis.
Semina ∞ ; testa membranacea in alam orbiculatam dilatata; embryonis
axilis albuminosi cotyledonibus brevissimis; radicula tereti. — Arbores
v. frutices glabri; foliis alternis v. ad summos ramulos approximatis,
integris v. serrulatis; stipulis parvis; floribus in racemos compositos
terminales dispositis. (*Arch. ind.* [2])

17? **Neckia** KORTH. [3] — Flores fere *Sauvagesiæ;* sepalis subæqualibus, imbricatis. Petala 5, æqualia; præfloratione convoluta. Stamina
3-morpha; staminodiis 2-morphis; exterioribus ∞ , parvis setaceis
v. apice glanduliformibus; interioribus ad 10, clavatis basique in
tubum cum staminibus fertilibus connatis; filamentis horum brevissimis
ad summum tubum inter staminodia insertis. Germen fere *Sauvagesiæ;* placentis parietalibus 3, ∞-ovulatis; stylo simplici erecto, apice
stigmatoso. Capsula apice septicide 3-valvis. Semina ∞ , exalata. —
Frutices v. suffrutices glabri; foliis alternis serrulatis; stipulis subulatis
rigidis; floribus axillaribus longe pedunculatis. (*Arch. ind.* [4])

18. **Lavradia** VELL. [5] — Flores fere *Sauvagesiæ ;* sepalis subæqualibus v. inæqualibus; præfloratione valde imbricata. Petala 5, æqualia,
convoluta. Stamina fertilia 5, alternipetala; staminodiis [6] extus in
tubum conicum integrum v. 5-10-dentatum genitaliaque includentem

1. *Mus. lugd.-bat.,* I, 177, t. 32. — B. H.,
Gen., 120, n. 20.

2. Spec. 2. HOOK. F., in *Trans. Linn.
Soc.*, XXIII, 157. — MIQ., *Fl. ind.-bat.*,
I, p. II, 117. — WALP., *Ann.*, II, 68, VII,
220.

3. In *Ned. Kruidk. Arch.*, I, 358. — B. H.,
Gen., 120, n. 21.

4. Spec. 2, 3. HOOK. F., in *Trans. Linn.
Soc.*, XXIII, 158. — MIQ., *Fl. ind.-bat.*, I,
p. II, 118; *Fl. sum.*, 159. — WALP., *Ann.*,
II, 67; VII, 221.

5. Ex VANDELL., in *Ram. Script.*, 88, t. 6,
fig. 6. — A. S. H., in *Mém. Mus.*, XI, 107,
t. 7-10; *Pl. rem. Bras.*, 69, t. 4, fig. 6,
t. 5-8; *Fl. bras. mer.*, II, 111. — DC., *Prodr.*,
I, 314. — ENDL., *Gen.*, n. 5051. — PAYER,
Fam. nat., 91.— B. H., *Gen.*, 120, n. 19.

6. Discus petaloideus gamophyllus, ex PAYER,
loc. cit.

connatis. Antheræ subsessiles, ovatæ v. oblongo-lineares; loculis 2, subintrorsis v. lateraliter rimosis. Germen a basi ad apicem 1-loculare v. ima basi 3-loculare; placentis parietalibus 3; ovulis in singulis ∞, obliquis; stylo simplici, apice stigmatoso obtuso. Fructus capsularis, calyce persistente nunc basi cinctus, ab apice plus minus alte septicide 3-valvis; seminibus ∞, parvis albuminosis; embryone axili recto. Cætera *Sauvagesiæ*. — Suffrutices glabri; foliis alternis confertis rigidulis, integris v. subserratis, breviter petiolatis; stipulis integris v. sæpius pectinato-ciliatis, persistentibus; floribus in racemos terminales simplices v. compositos dispositis, nunc axillaribus bracteolatis. (*Brasilia* [1].)

1. Spec. ad G. A. S. H., in *Mém. Mus.*, IX, 325. — MART. et ZUCC., *Nov. gen. et spec.*, I, 31, t. 22, 23. — WALP., *Rep.*, I, 226.